U0007641

Knowledge BASE 系列

一冊通曉　從分子層次化為生命奧援的體內工程

圖解 生化學 更新版

生田哲 著　洪悅慈 譯

結合生物學與化學雙領域，
解開生命內在之祕

文◎李平篤（國立臺灣大學生化科技學系名譽教授）

　　這些年來，如SARS疫情、黑心嬰幼兒奶粉含三聚氰胺（melamine）、新流感、食品添加化工塑化劑DEHP代替起雲劑、吃進口牛肉的風險等重大新聞議題，都曾引發熱烈討論、甚至造成社會恐慌。然而，這些問題雖然與我們的日常生活息息相關，但當中卻與專業知識牽涉甚深，一般人若想獲悉其中的原理，就得研讀生化科學內容。

　　「生物化學」（Biochemistry）是研究生命物質的化學組成、結構及各種化學變化的科學，這一名詞在1882年就已經出現，但直到1903年「生物化學之父」德國化學家紐伯格（1877～1956年，C. Neuberg）也使用這名詞後，才成為廣泛的說法。

　　在最早期的發展歷史中，生物化學原本只是生物學和化學當中的一部分而已，其研究起始於1833年，當時法國化學家佩恩（A Payen）發現了第一個酵素——澱粉酶（amylase），這是人體分解澱粉多醣類到葡萄糖所必需者。一般而言，化學反應需要有足夠的能量才能促使發生，例如熱能；但生物體中的有機反應，無法以高溫高壓或加入金屬等方式來加速或促使發生，必須有酵素參與催化（catalysis）、循環（recycling）、進而調控（regulation）。而這些酵素所需要參與的反應及原理，已非傳統有機化學所能涵蓋，從此，生物化學便逐漸從有機化學的領域中區分出來，成為一門獨立的學科。

　　細胞和組織是人體的組成元件，用以形成心、肝、腎、肺、胃腸、骨骼、皮膚等器官，再進而構成身體的呼吸、循環、消化、泌尿、排泄、神經、外皮、內分泌及免疫等系統；而生化學的研究領域，便是從化學當中物質分子的組成、結構、以及彼此間的化學變化等層級和角度，來探討發生在生物上的各種生命現象。隨便舉些本書提及的有趣問題，例如，「我們每天吃進去的食物在體內究竟有什麼作用？」、「為何甜甜的糖果會在體內轉成脂肪使我們發胖？」、「人活著必須呼吸，而何以氧氣是絕對不可或缺的？」等等，這些生活中看似理所當然卻不明所以的疑問，其實都是和「生化學」密切相關的課題。

　　到了二十世紀中期以後，隨著各種新技術的發明（例如核磁共振儀、電子顯微照相技術）和分子動力學模擬等分析方法研發成功，生物化學的發展愈發蓬勃迅速。近十年來，更因為分子生物學（Molecular biology）、分

子遺傳學（Molecular genetics）及生物資訊學（Bioinformatics）的應用，使生物化學的研究進入了蛋白質體學（Proteomics）以及現今熱門的代謝體學（Metabolomics）等更為精細的領域，這兩者都是利用電腦模擬分析軟體，以針對蛋白質、新陳代謝物質的結構和功能所做的一種大規模研究。

蛋白質體學的相關研究成果已經在訊息傳導、藥物動力學分析等方面提供有用的訊息；代謝體學的應用則可迅速偵測到外來毒物、疾病症狀及投藥反應時標記物的變化，從而得知藥物的治療效率，或是由身體營養狀況得知相對應的基因功能。目前在各大學理學、醫學、農學或生命科學院系，均競相開授相關課程而蔚為風潮。

再者，自1901年設立以來迄今110年的諾貝爾獎（Nobel prize），歷年「生理學或醫學獎」所有得獎者、以及約三分之一「化學獎」得獎者，均為研究「生化學」相關領域而得獎。由此可知，百年來「生化學」不僅發展之日新月異，其重要性與影響力亦可見一斑。

＊　　　　＊　　　　＊

本書將「生化學」從人體能量代謝觀點闡述，文字淺顯易懂，語詞嚴謹但不失詼諧，使枯燥艱澀又繁瑣複雜的生化學，變得具體而微，又唾手可得，無論讀者背景如何均可理解把握。

內容除了重新詮釋舊有知識以外，更收入新穎知識的概念，尤其以下篇章特別引人入勝，值得細心閱讀。既有知識方面，譬如：胡蘿蔔素「治」癌與「致」癌之謎、突變是癌細胞的成因、日光浴可治療肺結核……等。而關於新穎知識註解方面，則譬如：輸血會引發心臟麻痺、氧氣是有毒物質、骨質疏鬆的病因與動脈硬化相同、再怎麼操作基因也無法同時達到防癌與長壽的效果、糖尿病會引發阿茲海默症……等。作者別開生面、「剝絲又抽繭」地娓娓道來，或以「舊瓶裝新酒」地款款述說，雖然牽涉的道理艱深，但都能讓初學者心領神會，實在難得。

綜觀內容，《圖解生化學》一書，真可提供給需要生物化學專門知識之大學生，和意欲加強生化相關常識的一般人士之用。書中有約一百幅圖解，協助讀者瞭解生物化學上一些基本認識與原理觀念，進而洞悉生命的奧祕。以本人主修生化獲博士學位的訓練背景，與在台大教授「生物化學」課程超過三十年的教學經驗，研讀本書還能得到「生化」新知識，也認為本書內容對修讀生物化學的學生大有助益，因而對《圖解生化學》一書，特別強力推薦。

李平篤

由日常著眼，
認識日新月異的生化知識

　　本書是將二〇〇二年在日本發行後廣受好評的《生化學超入門》進行全面性改版後的最新版本，同時改名為＜圖解系列＞當中的《圖解生化學》。

　　會改版的原因，主要是生化學這個領域不斷出現突破性的研究進展，使得內容必須隨之更新。許多優秀的學者紛紛投入生化學領域，陸續發表了許多影響生化學基礎的研究結果，因此就連介紹生化學基礎的本書也不得不改版，將這些研究成果收錄進來。

　　二十一世紀可說是生命科學的時代，而「生化學」正是生命科學的基礎。所謂的生化學，指的是一門從分子（物質）層次來研究「生物是如何生存活動」的學問。以往生物學的研究重心，大多放在植物的分門別類，以及在顯微鏡下觀察組織或細胞的形態；不過，自從一九五三年科學家發現「遺傳物質就是雙螺旋結構的DNA（去氧核糖核酸）」之後，情況就完全改變了。從這個時候開始，生物學變身成一門從分子層次這種微觀的角度來追蹤生命現象的學問，生化學這個學科也就此誕生。

　　一九七三年，科學家發明了基因重組技術，可以利用酵素將DNA任意切割或接合，也因此促使生物技術這門學問誕生。只要利用生物技術，就可以大量生產出人體內分泌量極少的荷爾蒙，做為治療相關疾病的藥品。透過分析患者和病毒的DNA，甚至可以對藥品的療效、副作用的大小等問題進行某種程度的預測。在判別親子關係及篩選犯罪嫌疑犯等方面，DNA鑑定也已經成為一項不可或缺的工具。

　　在臨床醫療上，移植用的人體器官總是不夠；為了解決這個問題，科學家不斷研究在實驗室培養出人體器官，其中的關鍵在於如何製造出萬能幹細胞，而近年來日本及美國的研究團隊都相繼有所成果。利用萬能幹細胞，便可以修補如心臟、肺臟、軟骨、血管等人體器官的部分缺損，最終甚至能培養出完整的人體器官，開拓再生醫學的發展之路。

　　其他像是保護地球環境、開發替代性能源等，都是影響人類存亡的急迫議題。為了解決這些問題，利用生物技術開發出對環境友善的生物可分解高分子、或是製造生質燃料這種從生質能轉換而來的能源等等，便成為眾所期盼之道。

人類所面臨的問題可說是堆積如山，有許多需要努力的地方，希望大家都能果敢地向這些問題挑戰。不過在此之前還必須要有紮實的基礎，而這個基礎就是生化學。

　　在這裡例舉幾個生化學研究的具體項目，像是生化分子究竟長成什麼樣子、在經過化學反應之後會轉變成什麼分子、促進化學反應的要角「酵素」的運作機制為何、親子之間是如何傳承遺傳訊息、營養素在人體內如何發揮作用、為什麼人體需要維生素與礦物質、約占人體百分之六十的水分究竟有什麼功用等等。

　　像是人體內的酵素反應、DNA複製及轉譯等工作機制，與其用「精密」二字來形容，不如稱為「藝術」較為貼切。人活著本身就是如此不可思議。另一方面，像DNA、RNA、蛋白質、脂質、醣類等構成細胞的物質，其化學結構雖然看似複雜，事實上卻是單純而美麗。相信各位讀者也不禁會被這些大自然的美麗給感動。

　　本書經過了全面性改版，主要修改的重點大致如下：

（１）以往生化學的教科書，大多都是以DNA為中心來描述生命現象，這個傾向尤其在分子生物學類的教科書中更是明顯，像是「基因會命令細胞在何時要製造出多少的哪一種蛋白質」、以及「基因是生命的指揮中心」等敘述方式，如此一來，就容易讓讀者誤解成基因好像才是生命的主角。相較之下，本書的敘述方式則如同「基因DNA可說是細胞製造蛋白質所需的食譜」這一句所表現的，明確指出生命的主角應該是細胞（生物）才對。

（２）日光浴時皮膚所產生的維他命D，具有預防癌症或細菌感染的效果。

（３）科學家目前已經確定輸血是引起心臟麻痺的風險因子之一。

（４）雖然目前還在動物實驗階段，但自體免疫疾病的代表——第一型糖尿病，或許可以藉由接種BCG疫苗後進行脾臟移植來治療。

（５）一般來說，黃綠色蔬菜當中所含的β胡蘿蔔素成分可以預防癌症，但矛盾的是，如果以營養錠的形式補充β胡蘿蔔素，反而會升高罹患肺癌的機率。

（６）目前為止科學家還不清楚正常普里昂蛋白的功用，但似乎有很高的可能性可以抑制阿茲海默症。

　　本書的最大目標，是希望讀者可以理解生化學的全貌，因此當中挑選了一些最基礎以及與日常生活相關的項目，盡可能平易地解說。若讀者能透過本書體會到生化學的樂趣，就是筆者最大的榮幸。

二〇〇八年一月　生田哲

第 1 章

「生化學」是什麼？

構成人體的分子究竟長什麼樣子？

第**2**章

構成人體的分子究竟長什麼樣子？

第 **5** 章　生物資訊學

第6章 人體不可或缺的水

第7章 不含基因的病原體——普里昂蛋白

第 **1** 章

「生化學」是什麼？

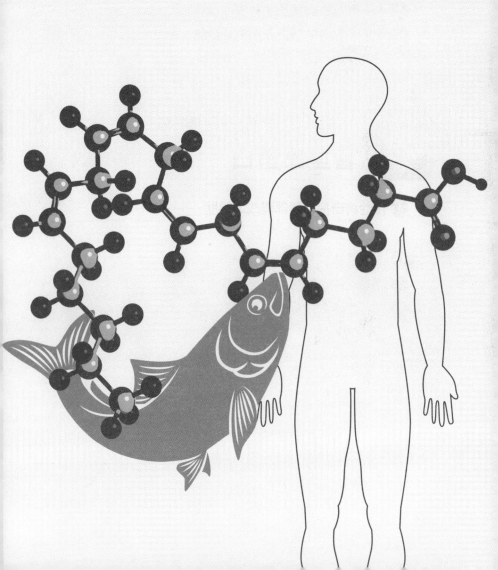

運用化學語言回答人體相關問題的學問

我們的身體內究竟發生了什麼事

我們每天都要吃三餐，但吃進去的食物在人體內究竟有什麼作用呢？為什麼每天攝取營養素是一件重要的事？為何甜甜的糖類食物會在體內轉成脂肪使我們發胖呢？人體需要攝取哪些營養素，才能活得愈來愈健康、神采奕奕呢？

維生素和礦物質既不能轉換成卡路里（熱量、能量），也不能成為身體的建築材料，那為什麼一定要攝取呢？為什麼人類一定要呼吸呢？有人說癌症是一種遺傳性疾病，是什麼意思呢？為什麼太陽曬得太多會得到皮膚癌呢？從前世界各國還很貧困時，幾乎沒有人罹患糖尿病，但為什麼現在世界上的糖尿病患者卻逐漸增加呢？胰島素對糖尿病的治療又是如何作用的呢？

以上所舉的例子，每一個都是和人體相關的單純疑問，亦是一直以來人們好奇不斷的謎題。而「以分子的層級來了解『在我們的身體內，究竟發生了什麼事情』」就是所謂的**生化學**，一門運用化學的語言來回答這些問題的學科。換句話說，生化學是從分子層級來解開生命現象之謎的學問。

當然，生化學並不能解答所有和人體相關的問題，但多虧生化學以及相關高科技技術的進展，目前科學家確實可以慢慢解開一些過去無法回答的問題。不但如此，生化學涉及的範圍從商界的**生技產業**到人類的日常生活均運用廣泛，可說是日本經濟命脈的一大支柱。

說到生技產業，大致可以分成基因工程（即生物技術）、基因診斷、基因治療、再生醫學、客製化醫療以及食品產業等；無論是哪一個領域，

吃進去的食物到了人體內會發生什麼事？

為什麼營養素很重要？

為什麼人體需要攝取維生素或礦物質？

為什麼吃甜食會變胖？

會什麼人類需要呼吸？

胰島素對於糖尿病的治療是怎麼發揮作用的？

日本國內大學的研究學者都覺察到其所具有的重要性，並積極地展開相關研究，雖然還有很長的一段路要走，但他們已經點亮了一盞盞明燈，為這些領域注入一劑強心針。

如果將生技產業比喻成樹上的果實，那生化學就是扮演著樹幹的角色。今後對生化學基礎知識有所需求的人，相信一定會大幅增加，像是醫學院、藥學系、理工學院、護校等在學學生就不必說了，其他如生技產業的研究開發者、利用生技產業建立事業的創業者、開發或經營生技產業商品的相關人員、甚至是日後準備投身生技產業的學生，都需要具備生化學的基礎。

那麼，生化學一開始該學些什麼呢？根據筆者長年的教學經驗，建議應該先好好理解生化學的原理並融會貫通，這樣才能獲得最大的效益。如果沒有真正了解原理而只是死背表面的或是片斷的知識，是不會有任何助益的。

一旦掌握了生化學的原理，在面對新的生物技術時，就像看到從生化學這個樹幹延伸出來的果實一般，理解上就不會那麼辛苦，所花的學習時間也會比較短。換句話說，只要擁有扎實的生化學基礎，再加上後續的努力，就可以將生化學的原理應用於每天的日常生活中，甚至是未來的產業發展上。

◆ 「生化學」是什麼

> 所謂的生化學，是一門從分子（物質）的層次，來說明生物的構造、組織及其運作機制的學問。生化學又稱為「生物化學」、「生命化學」。

生化學 ━━→ ● 生物化學
　　　 ━━→ ● 生命化學

由生化學所誕生的領域 ➡
● 基因工程
● 基因醫學（如基因診斷、基因治療）
● 再生醫學
● 客製化醫療
● 犯罪偵查或親子鑑定等

細胞生物學和分子生物學的結合

生化學所研究的生命現象包括什麼樣的議題，以下提出幾個例子。

人體是由什麼所構成？細胞是由什麼樣的分子、以什麼樣的組合方式所構成？細胞和其他細胞之間是用什麼方式相互取得聯繫？

細胞的集合體──**組織**在維持人體的生存上究竟扮演著什麼樣的角色？人體究竟如何維持生命活動？還有遺傳究竟是如何進行的？所謂的生化學，就是以化學的研究方法設法來解開這些問題。

生化學又被稱為「生物化學」、「生命化學」，本書則統一稱為「生化學」。除此之外，一九五〇年誕生的「**分子生物學**」，或稱為「分子遺傳學」，是一門以掌控遺傳現象的DNA（去氧核糖核酸）為中心來研究生物的學問，是生化學中一個相當重要的研究領域，本書亦收錄了其中諸多的卓越成果。

在一九五〇年之後，生化學的研究分成兩路，一條是傳統生物學的研究，例如研究細胞構造、細胞成分的功用、物質在體內的轉換（代謝）等現象；另一條路則是以DNA基因為中心來研究生物的分子生物學。

不過，近年來的傳統生物學研究開始和全新的分子生物學互相融合，發展出一些從基因角度來看細胞運作代謝的研究，顯示出生化學這門學問已經跨越了初步的階段，逐漸發展成一門成熟的學問。

1-2 人類不是基因的奴隸

人類的基因總數只有兩萬兩千個！

一九九〇年，科學界發起一項人類基因體計畫，意欲確認人類所有DNA鹼基序列的種類和位置（譯注：鹼基為DNA的成分之一，共有四種，會依不同順序排列組成DNA，其排列次序即稱為鹼基序列。參見第63頁）。這項浩大的工程花了十年的時間，終於在二〇〇〇年順利完工，結果發現人類大約有二十八億三千萬個DNA鹼基序列，光只是要將這些鹼基序列記錄下來，就需要用掉至少兩千本各一千頁的電話簿才夠。

在DNA鹼基序列之中，具有「指揮蛋白質形成」功用的部分稱為基因，只占了所有鹼基序列的百分之二到三左右。至於其他百分之九十七的DNA，目前還不清楚它們在人體內所扮演的角色。

科學家起初預測人類的基因總數約為十萬個，但是隨著人類基因體計畫的進展，預測數目也不斷下修，從五萬個、三萬個一直到目前較確定的兩萬兩千個，和虎河豚或小白鼠的基因數量幾乎相同。

從細菌、黴菌等單細胞生物，一直到虎河豚、小白鼠、人類等多細胞生物，都是由細胞所構成的。每一個細胞在攝入養分、成長、增殖上所需的基因稱為「管家基因」，不管是哪種生物，管家基因的數量上都不會相差太多才是。

基於這個假設，每種生物的管家基因數量，應該和單細胞生物中的大腸菌一樣均約為四千三百個，這當中包含了與醣類、脂肪（脂質）、蛋白質代謝有關的酵素基因、以及與產生能量有關的酵素基因。

人類基因總數兩萬兩千減掉生物均有的管家基因數四千三百，等於一萬七千七百，這一萬八千個左右的基因正是決定人類與大腸桿菌不同的關

鍵。諸如人類特有的細胞與細胞之間的溝通機制、細胞的分化機制（指細胞的形狀或功能特異化後，轉變成人體內約兩百種不同的細胞）、負責黏接細胞之間的膠狀填充物和腦部的形成等特殊機制所需的基因，就藏在這一萬八千個基因當中。

人類所具有的兩萬兩千個基因，其功用正陸續被研究解讀出來並一一命名，要在某個程度理解每一基因的個別功用，應該只是遲早的事。

基因無法主導人類的一切

如果人類每一個基因的功用都被解開，是否就能預測出每個人的天生資質，像是壽命、個性、才能、智商、耐力、體能、是否容易罹患疾病、是否容易成功、是否具有犯罪的傾向等等呢？

要是基因資訊可以準確預測出每一個人的壽命長短，壽險公司一定會爭相投入相關研究；如果基因資訊可以預測每一個人的智商或才能，各大學一定會用來篩選入學者，各公司一定也會利用在人才的錄取上。

只要看看一個人的DNA鹼基序列，就可以完全預測這個人的未來——這樣的時代有可能來臨嗎？以「急性子」和「迅速決定、迅速行動」聞名的韓國人，已經發展出以基因資訊進行個性占卜的相關產業，而且正在迅速成長中。

不過，基因的力量沒有大到能夠主導人的一切。這句話聽來或許令人遺憾，也或許令人鬆了一口氣。筆者之所以會如此主張，有許多相關的證據，以下就舉其中幾個例子。

第一個例子是有關同卵雙胞胎和異卵雙胞胎的基因比較結果。所謂的同卵雙胞胎，指的是擁有百分之百相同基因的兄弟姐妹，異卵雙胞胎則是身上只有百分之五十相同基因的兄弟姐妹。簡單來說，同卵雙胞胎在基因上的相似度，比異卵雙胞胎高出了一倍。

那麼，在雙胞胎的身上，基因究竟可以主導個人的特徵到什麼程度呢？科學家調查了雙胞胎的指紋、身高、體重等身體特徵，結果發現同卵

雙胞胎的一致率約為百分之八十五，異卵雙胞胎則為百分之四十五。同卵雙胞胎的一致率遠高於異卵雙胞胎，因此可以推論基因對指紋、身高及體重的影響相當大，但一致率並非百分之百，而是略低的百分之八十五左右。

接下來，科學家調查了雙胞胎罹患精神疾病的一致率，結果發現同卵雙胞胎罹患躁鬱症的一致率為百分之六十二，異卵為百分之十八；同卵雙胞胎罹患自閉症的一致率為百分之六十，異卵為百分之十；同卵雙胞胎罹患精神分裂症的一致率為百分之三十九，異卵雙胞胎為百分之十。

由此可知，就算是基因一模一樣的同卵雙胞胎，其中一人發病了，不代表另一個人也會發病。舉例來說，如果有一天科學家找出了分別會導致氣喘、糖尿病、癌症的基因，但並非身上具有這些基因的人全部都會罹患這些疾病。住在空氣乾淨的地方，氣喘的發病機率勢必會降低；以適度運動和適當的飲食習慣預防肥胖，大多都能防止罹患糖尿病；多多攝取高纖維食物和抗氧化維生素，並盡量消除心頭過多的壓力，也可以延緩癌症的發病時間。

生物和機器在本質上的差異

「基因無法主導一切」的另一個依據，就是因為生物並不是機器。要是生物像機器一樣，當想要了解某個零件的功用時，只要把那個零件拿掉，再觀察生物後來發生什麼異常就行了。

也就是說，基於以上的假設，先將某個特定基因破壞掉，再觀察生物身上發生了什麼樣的異常症狀，就可以知道該基因的功用。由於這種實驗無法直接以人體來進行，通常會利用和人類基因相似的小白鼠來進行，這樣的小白鼠稱為基因剔除鼠。實驗做法是從受精卵將目標基因去除之後，再植入母鼠的子宮內，以孕育出基因剔除鼠。

不過令人意外的是，有許多研究報告均指出基因剔除鼠不會因為基因被剔除而發病。舉例來說，帕金森氏症的發作已知與人類的神經細胞中含

有的一種豐富蛋白質「α-突觸核蛋白」有關，若這些蛋白質的形狀發生異常並累積成纖維狀，就無法正常運作而可能發病。

雖然還不清楚α-突觸核蛋白所具有的功能，但可預期若剔除掉這種蛋白質的指揮基因，讓基因剔除鼠的神經細胞無法正常製造出α-突觸核蛋白，應該可以觀察到一些異常症狀。美國德州大學的研究團隊基於此製作了這樣的基因剔除鼠，卻意外發現小白鼠活得好好的，完全觀察不到任何異常現象。

再介紹另一個例子。人類腦中的膽固醇要先被氧化酵素轉換成氧化膽固醇，才能通過「血腦屏障」這道關卡排出腦外，因此推測若腦中沒有膽固醇的氧化酵素，膽固醇就會不斷在腦部累積。於是，美國德州大學的另一研究團隊孕育了被剔除掉膽固醇氧化酵素基因的基因剔除鼠，但結果顯示不管是腦部大小、肝臟大小還是日常行為上，基因剔除鼠都和正常的小白鼠沒什麼兩樣。

簡單來說，就算被剔除了特定的基因，導致基因剔除鼠身上缺少了重要的蛋白質，但在受精卵細胞不斷增殖的過程中，整個細胞內部的大多數蛋白質會慢慢發生變化，去彌補或取代所缺少的蛋白質功用，完成細胞正常發育的使命。

這種情形就像是在足球比賽中，即使有一個人被判退場，也可以由剩下十個人的團隊合作來彌補缺少一個人的不足，只是生物在彌補匱缺的機制上還要更為巧妙。

生物就是如此富有彈性，即使知道了所有DNA的鹼基序列，仍舊無法單憑此來預測一個人的心智活動和行為舉止。更何況人類所表現出的高度心智活動是其他動物所沒有的，而這些心智活動和行為舉止全是出自於當下環境的個人選擇，也就是由個人的意志所主導。這些突發的環境，都不是基因為個人準備好的，因此人生當然也就並非皆由基因所主宰。

1-3 人體是由每天吃的食物所構成

食物被吸收進人體之前

我們每天所吃的食物，會構成我們的身體，像是腦部、心臟、肺臟、骨骼、血液等器官及組織，全都是由我們每天吃的食物所轉變而來。人體之所以需要好好吃飯，正是因為吃了有益的食物，頭腦和身體才會變得更好。

這裡先來看看食物是怎麼被吸收進人體。

在人體的正中央處，有一條全長約九公尺的粗大管道（參見第20頁圖解），稱為**腸胃道**、**消化系統**或是**消化道**。

人體的嘴巴是這個管道的入口，其次會經過食道、胃、小腸、大腸、直腸，最後連接到出口的**肛門**。當食物通過腸胃道的時候，腸胃道會不斷吸收食物中的水分與營養素，再供給身體的各部位，這也是人體內腸胃道會這麼長的原因。

食物在嘴裡被堅固的牙齒強力咀嚼而失去原本的形狀後，稱為**消化物**。消化物從喉嚨吞下之後，會經由食道送到**胃**並在此被磨碎，然後再被送到**小腸**的最前端——十二指腸。小腸內的膽汁以及消化酵素會將消化物分解成蛋白質、脂質、醣類（碳水化合物）、維生素、礦物質等等的營養素，再經由腸管將它們吸收進體內，溶入血液中。人體就是這樣將消化物中所含的營養素吸收進體內。

過了小腸的消化物，還含有少數尚未吸收的營養素；這些消化物會送到**大腸**，並在大腸中吸收大部分的水分。消化物經過大腸之後，可說是幾乎沒有任何剩餘營養素的殘渣，便會形成糞便從肛門排泄出體外——這就是食物最終的命運。

◆◆◆ 人體內的消化就是靠這一條管道

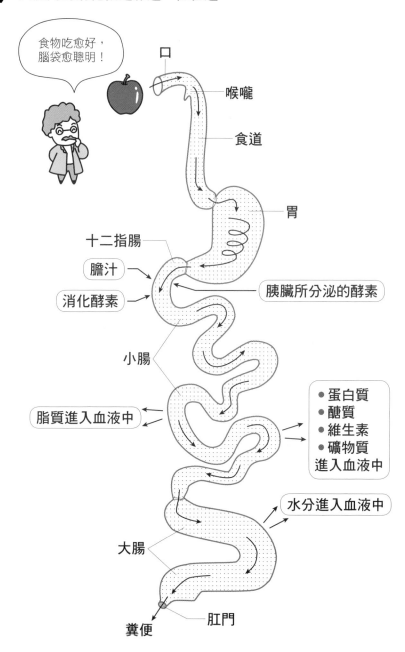

食物吃愈好，
腦袋愈聰明！

口

喉嚨

食道

胃

十二指腸

膽汁

消化酵素

胰臟所分泌的酵素

小腸

脂質進入血液中

● 蛋白質
● 醣質
● 維生素
● 礦物質
進入血液中

水分進入血液中

大腸

糞便

肛門

追蹤食物在體內的命運

接下來，要一面注意人類的消化道及相關器官的位置，一面追蹤食物在體內的命運。假設正有一個女孩將蘋果送入口中，由於蘋果非常好吃，才咬了一口，嘴巴裡不知不覺就分泌出許多唾液，和蘋果果肉充分混合，讓女孩能輕易地把果肉吞下喉嚨。

女孩透過上顎及下顎的運動，讓牙齒不斷用力咬碎蘋果果肉。人可以透過想法（或稱為意志）來控制口中咀嚼蘋果的力道及次數，不過能控制的部位也只限於口腔之內，至於吞嚥後口中的食物能否順利進入接下來的食道裡，就無法靠人的意志去控制。

消化物被牙齒咬碎、變小之後，會被吞入喉嚨中，經過食道進入到胃部，再被胃強力地磨碎，並透過強酸性的胃液（pH值1～3）分解得更加完全。

胃會如此將消化物逐漸分解掉，但並不會將消化物與大部分營養素直接吸收掉，而只是提供一個暫時儲存的地方。

胃和小腸會分泌出許多荷爾蒙與酵素，同心協力地把消化物分解成更小的顆粒。就這樣變小的消化物在小腸裡慢慢地移動，過程中所分解出來的營養素則被腸道充分吸收、進入血液中。大部分營養素被吸收的地方並不是在胃部，而是在小腸的前半部。

消化物之所以必須在小腸裡慢慢地移動，是有其原因的。除了消化物需要一些時間才能被分解成營養素以外，營養素要被小腸吸收完成亦需花上一段時間。幸好小腸大約有三公尺長，才能有效地吸收從消化物分解出來的營養素。

話雖如此，但消化物在小腸裡移動得太慢也不是件好事，這是因為人體的組織和器官無時無刻都需要營養素，為了不使營養素匱乏，消化物就必須以適當的速度在小腸裡移動才行。

消化物分解產生的營養素被小腸吸收以後，剩餘部分則會移動到大腸。大腸是腸胃道最後一道吸收營養素的關卡，主要負責水分與鹽分的吸收。在這之後所剩餘的殘渣，則會以糞便的形式累積起來，最後由肛門排泄出體外。

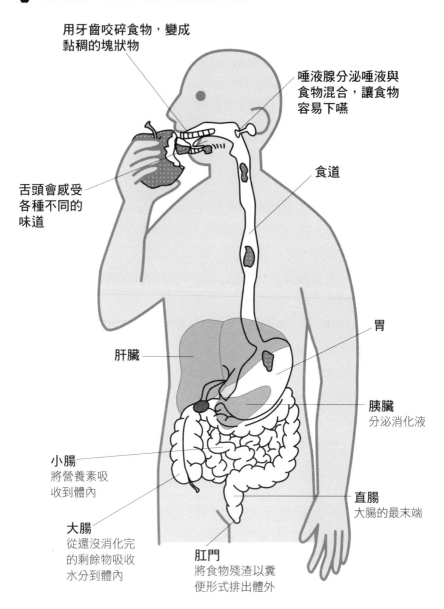

♦♦ 消化器官以及與消化有關的內臟

用牙齒咬碎食物，變成
黏稠的塊狀物

唾液腺分泌唾液與
食物混合，讓食物
容易下嚥

食道

舌頭會感受
各種不同的
味道

胃

肝臟

胰臟
分泌消化液

小腸
將營養素吸
收到體內

直腸
大腸的最末端

大腸
從還沒消化完
的剩餘物吸收
水分到體內

肛門
將食物殘渣以糞
便形式排出體外

人體是六十兆個細胞的集合體

人體不斷分解及製造的組成元件

埃及金字塔及人面獅身像會隨時間自然風化崩解，而人只要活著，身體便不會像金字塔一樣地毀壞。

構成人體的成分會不斷被分解，同時又會有新的組成成分製造出來，而這些新成分的材料就是從每天吃的食物而來。由於人體組成成分的分解及生產速率維持一定的平衡，所以外觀上不會像金字塔般出現明顯變化。

構成人體的物質包括三大營養素、微量營養素與水分（約占總體重的百分之六十）。**三大營養素**指的是蛋白質、脂質、醣類，而**微量營養素**則是維生素及礦物質。

人體是由內臟、骨骼、皮膚、毛髮、指甲、神經、血管等元件所組成，這些元件又都各由組織所構成，**組織**則是由許多擁有相同功能的細胞聚集而成。也就是說，人體是由許多細胞（估計約為六十兆個）所形成的集合體。而**細胞**，正是建構某種特定生物（如人、狗、豬等）的最小單位。

人體的組成成分

那麼，細胞又是由什麼物質所構成呢？若將細胞乾燥後測量當中含有的生化物質比例，則蛋白質占百分之七十，脂質（脂肪）占百分之十二，核酸占百分之七，醣類占百分之五。**蛋白質**是細胞的主要建材，甚至具觸媒作用可提升體內化學反應的速度。

觸媒的化學定義為「只要少量就可以明顯加速某種化學反應，但本身卻完全不會被消耗的物質」，而生物體內的觸媒則稱為**酵素**。

構成人體的物質及功用

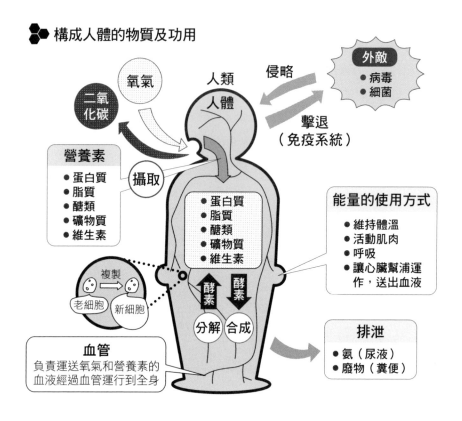

理論上觸媒可以完全被回收，不隨著化學反應而被消耗掉；但實際上，觸媒的效率卻會隨著化學反應的次數而遞減，就好比汽車中用來促進汽油燃燒的白金觸媒，長時間使用就會逐漸失去原有的活性。

脂質富有柔軟的特性，用來包覆在細胞及內臟外做為保護，細胞外層的細胞膜也是脂質所構成。從事激烈運動時，柔軟的脂質就具有緩衝墊效果，以防止內臟受損。此外，脂質也是一種為因應飢餓狀況，而以皮下脂肪的形式預先儲存在人體內的能量儲存物質。

醣類在人體裡，會轉換為由**葡萄糖**大量鍵結而成的**肝醣**儲存在肝臟中，必要時再將肝醣的鍵結切斷而轉換回葡萄糖。人體中葡萄糖會與氧氣一起藉由血液運送到全身的組織，做為細胞生存的能量來源。

　　礦物質包含鈣、鎂、磷、鈉、鉀、鐵等，其中鈣、鎂、磷是骨骼的成分。此外，鈉離子及鉀離子可讓細胞膜內側帶負電、外側帶正電，而正是這些電荷讓人體的生命活動得以啟動。

　　也就是說，腦部神經細胞接收到的刺激會轉換成電訊號傳遞給其他神經細胞，使人產生意識、感覺及記憶；也可以藉由將電訊號傳到人體各個角落，使肌肉產生收縮，讓人體能隨意活動。至於鐵質則存在於血液裡一種稱為血紅蛋白的蛋白質當中，可以協助攜帶或釋放氧氣。

人類藉由消耗能量而存活

　　人類是恆溫動物，體溫會維持在約三十七度，不受氣溫或室溫的影響，就像是穩定的暖爐。暖爐是靠氧氣去燃燒瓦斯或汽油來產生熱度，人體則是靠氧氣去燃燒三大營養素（蛋白質、脂質、醣類）以產生熱能，維持溫度。

　　雖然都稱為燃燒，不過人體內的燃燒並不會造成燒傷。暖爐是一口氣將燃料通通燃燒掉而達到高溫，但人體則是經由酵素來穩定地燃燒營養素。

　　人體體溫的來源是體內燃燒三大營養素時所產生的能量，而這些能量除了用為維持體溫的熱能，還可用來運動肌肉讓人體自由活動、用來呼吸使人體吸進氧氣、以及用在腦部思考上等等。

　　一般如果吃了太多含糖量高的食物，就會累積脂肪而變胖，這是因為醣類會在體內轉換成能量儲藏物質——脂質。但事實上，脂質不僅來自於醣類，三大營養素之間都可透過酵素來互相轉換，蛋白質能轉換成脂質或醣類，脂質能轉換成蛋白質或醣類，醣類也能轉換成蛋白質或脂質。**酵素**不僅可幫助三大營養素互相轉換，也是一種生化觸媒，可促進體內所有化學反應，也就是人體新陳代謝過程中的要角。

　　無論是維持體溫、活動肌肉、讓酵素發揮作用、還是讓腦部思考，所有的行為都需要能量。人要靠著消耗能量來存活，而能量則是從每天所吃的食物攝取而來。

細胞增殖的機制

　　構成人體的細胞都有一定壽命，總有死亡的一天，好比人體角質就是死去皮膚細胞的殘骸。肝臟或肺臟等的細胞也會不斷死去，而在細胞死去的地方亦會誕生出完全一樣的全新細胞取而代之，因此人體內臟等不會因細胞死亡而造成窟窿或愈變愈小。

　　全新細胞的產生方式，是細胞會先成長茁壯，接著再分裂成兩個細胞，其中**母細胞**會利用蛋白質、脂質、醣類等做為細胞建材，以製造出一個跟自己一模一樣的**子細胞**。

　　一般小孩的長相、個性及行為舉止都會和父母親相像，這種父母親將生物學上的特徵傳給兒女甚至孫子的現象，稱為**遺傳**，而主導遺傳現象的正是**基因**，也就是DNA（去氧核糖核酸）。生物體內的DNA是由核苷酸所構成。

　　DNA基因就像是細胞為了生產蛋白質所需的食譜，細胞照著食譜上所寫的做法，製造出自己所需的蛋白質；這些蛋白質有時會成為新生細胞的建材，有時則成為可以製造出神經傳導物質或荷爾蒙的酵素。

血液的兩種功用

　　血液有兩種功用，一是將營養素和氧提供到全身的細胞。細胞會利用酵素讓氧慢慢地燃燒營養素，產生所需物質及能量；而營養素氧化後生成的最終產物二氧化碳，則會經血液運送至肺臟，藉由呼吸排出體外。

　　除二氧化碳外，人體內還會產生其他廢物，例如氨、攝入體內的藥品或毒物的分解物等等。人體內的氨會透過酵素轉換成尿素，和其他廢物溶在水中，和尿液一起排出體外。

　　血液第二個功用是保護人體不受外敵侵略。細菌或病毒等外敵會侵略人體，因此人體備有擊退這些外敵的防禦機制，稱為**免疫系統**，當中的主角是白血球。當外敵侵入人體中，白血球這種特別的細胞會找到外敵，將之吞噬，同時釋放干擾素或細胞激素等蛋白質來活化其他免疫細胞，以聯合起來攻擊並解決外敵，達到保護人體的功用。

1-5 構成人體的系統

綜觀人體

人類擁有身體和心智（精神），但所謂的心智，其實是靠著腦這個器官的運作而產生，所以人還是要盡力維持身體各器官的健全，才能享受健康的生活。

從外觀看來，人體包括了手腳、軀幹、頭部、臉部、皮膚等部位；在人體內部，則塞滿著心臟、腎臟、肺臟、肝臟、胃、小腸、大腸等臟器。除此之外，人體還有一條從頭部延伸到背部的脊椎骨，胸部則有胸骨和肋骨，手腕處有肱骨，腿部則有大腿骨。

骨骼的周圍包覆著肌肉和脂肪。所謂的脂肪，指的是在室溫下會形成固體的脂質，脂肪在人體內的所有脂質中就占了百分之九十五，因此一般會以脂肪來統稱人體內的脂質。至於包覆人體的肌肉，則會藉由牽動關節附近的骨頭，讓我們的手腳與頭部等可以自由活動。除此之外，人體全身上下還有神經和血管到處縱橫。

人類要維持生命，就必須要能將所受的刺激轉換成電訊號在體內傳遞。而人體傳遞電訊號的途徑是靠**神經細胞**這條纜線（電線），腦部會透過神經細胞將電訊號送到體內每個角落，來控制全身上下。

換句話說，**腦部**會將電訊號經由神經細胞這條纜線傳遞到身體各處，藉以指揮身體各部位該如何動作。

另一方面，**血管**指的是遍布人體全身的管路，當中流有血液，會將氧氣及營養素運送給全身的細胞。細胞則會透過酵素的協助，利用氧氣將營養素逐漸氧化，來製造出人體所需的所有分子和能量。

將人體細分來看

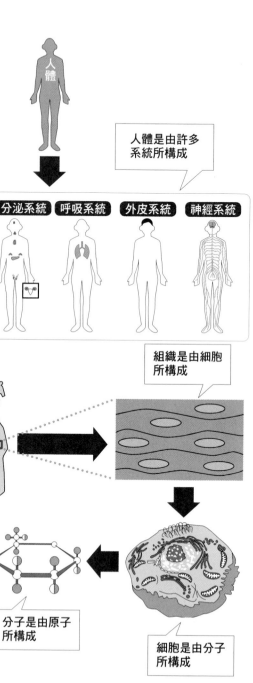

人體是由許多系統所構成

消化系統　肌肉系統　內分泌系統　呼吸系統　外皮系統　神經系統

器官是由組織所構成

組織是由細胞所構成

心臟

原子

分子是由原子所構成

細胞是由分子所構成

細看人體

　　在左頁的圖解中，將人體的組成元件按照尺寸大小依序列出。

　　人體是由許多系統所構成，像是消化與吸收食物營養素的**消化系統**、活動身體的**肌肉系統**、控制荷爾蒙的**內分泌系統**、吸入氧氣排出二氧化碳的**呼吸系統**、包含皮膚頭髮指甲等部位的**外皮系統**、在體內分散密布成網絡的**神經系統**、將體內廢物以尿液排泄出體外的**泌尿系統**等。

　　大多數的**荷爾蒙**是細胞所產生的蛋白質，主要的功用可以促進人體的成長，或是做為一種發動免疫反應的訊號，以保護人體不被細菌或病毒等外敵攻擊。

　　荷爾蒙的特點是其濃度非常低，但卻可以發揮很大的效用。舉例來說，內分泌系統所控制的荷爾蒙能夠作用在肌肉系統，促使肌肉發達，或是作用在呼吸系統，加速人體的呼吸。

　　人類要過著健康的生活，除了體內的各個系統要能正常運作之外，還需要像這樣各系統之間相互緊密聯繫，一面維持平衡一面運作才行。

　　比系統再小一點的人體構成單位，是心臟、肝臟、腎臟、肺臟、胃腸等器官。**器官**是許多組織的集合體，而組織又是由數萬到數百萬個細胞所聚集構成。細胞組成成分的代表性物質，包括了蛋白質及核酸等巨大分子、脂質及水分等較小分子、以及有時是小分子、有時卻又會變成巨大分子的醣類。舉例來說，醣類中的葡萄糖屬於小分子，但由許多葡萄糖鏈結在一起所形成的肝醣、澱粉、纖維素等，則屬於巨大的分子。

　　如果將分子再往下細分的話，則分子又是由原子所組成的。

1-6 所有生物都是由細胞所構成

構成生物的兩種細胞

　　地球上生物繁多，有一說認為地球物種約有三千萬種，但沒人知道實際數字到底是多少。生物當中有小小的細菌、比細菌還大的**昆蟲類**（如蜜蜂、螽斯、蝗蟲），也有比昆蟲更大的**魚類**（如沙丁魚、鯖魚、鰈魚）。此外還有從魚類演化而來的**爬蟲類**（如烏龜或鱷魚），以及由爬蟲類演化而來的**哺乳類**（如狗、貓、馬）。哺乳類中又有猴子、黑猩猩、人類等演化得更為成熟的**靈長類**。

　　隨著物種不同，生物的外觀和複雜程度也不一樣，但都有一個共同點：所有生物的生命現象都是以細胞為單位，每個細胞都有一定壽命，總有一天會死去，並在死前製造出全新的細胞。也就是說，細胞是生物存活的最小構成單位，會將由外部取得的營養素轉換成能量，以及合成出細胞的組成成分並不斷成長，最終則進行細胞分裂而增殖。

　　由單一細胞構成的大腸桿菌或沙門氏菌等細菌稱為**單細胞生物**，其直徑很小，只有二至三微米左右（二至三公厘的千分之一）且構造單純，因為沒有細胞核，所以也稱**原核細胞**。其英文「Prokaryotic Cell」名稱當中「karyo」指的是「核」，「pro」這個字首則含有「在……之前」的意思，兩者合起來的「Prokaryotic」便有「在生成細胞核之前」的含意，意即這是一種還沒有演化出細胞核的低階細胞。

　　相對來說，擁有細胞核的**真核細胞**直徑大小約在十到二十微米，結構比原核細胞更為複雜。此外，擁有真核細胞的生物由於是以許多細胞所構成，所以也稱**多細胞生物**。不過，單細胞生物中的**酵母菌**因為擁有細胞核，而被歸類為真核細胞，是生物分類學上的一個例外。

那麼，什麼樣的生物是多細胞生物呢？不管是植物還是動物，都屬於多細胞生物，其中人體就是由大約六十兆個細胞所構成。

動植物等真核細胞的構造

這裡就以人類為例來看看真核細胞的樣貌。如果把細胞看做是一個容器，則**細胞膜**就是用來分隔容器的內外側，是由脂質以一層特殊的圖樣排列而形成的雙層膜構造。細胞會透過細胞膜從外側將存活所需的必要營養素取進來，再將細胞內側產生的廢物或有害物質送出去。由細胞膜所隔開的細胞內部，充滿了叫做**細胞質**的液體，此外還有細胞核、核小體、核糖體、粒線體、內質網、高基氏體以及溶酶體等胞器。

每個胞器都有其作用。**細胞核**是遺傳訊息的容器，當中保存著細胞的DNA基因；**核小體**內含有大量與DNA化學結構非常類似的RNA（核糖核酸），而核糖體正是由這些RNA所組成；**核糖體**可說是蛋白質的製造工廠，會按照mRNA（亦稱「訊息RNA」，一種DNA基因的複製品）的指令，將胺基酸依序連接起來組成蛋白質。**粒線體**就像是人類社會中的發電廠，會生產出ATP（三磷酸腺苷）這種化學物質，做為生物體內幾乎所有需求能量的來源。核糖體所製造出的蛋白質會先被集中送到**內質網**來，再從這裡統一分送到細胞的內側及外側。內質網的一部分會附著許多核糖體，使表面變得粗糙，所以這一部分稱為**粗糙內質網**；另外沒有核糖體的部分則較為平滑，稱為**平滑內質網**。

在細胞膜旁邊有一個類似袋子形狀的胞器，稱為高基氏體，功用是將核糖體所製出的蛋白質加上糖類標記（一長串由醣類連接而成的糖鏈），讓蛋白質變得更容易溶於水中後，再分送到所需的地方。

溶酶體是被脂質雙層膜所包住的小空胞，內部酸鹼值維持在pH 3到pH 5之間，其中塞滿了可以破壞蛋白質、脂質、醣類的分解酵素。溶酶體負責分解和回收細胞內的廢物，以及破壞侵入細胞的外敵。

真核細胞（人類或動植物）的樣貌

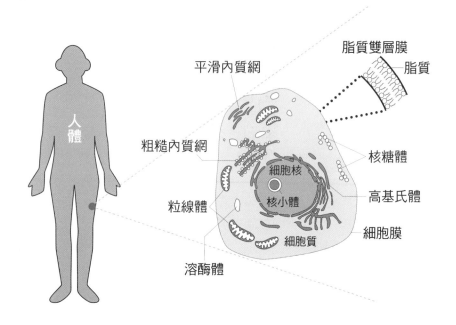

原核細胞（細菌細胞）的樣貌

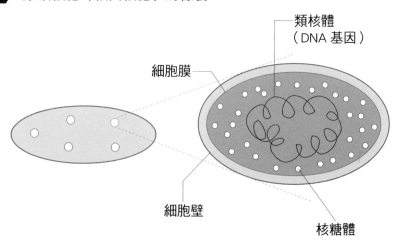

真核細胞和原核細胞有什麼不同

　　比起結構複雜的真核細胞，以細菌為代表例子的原核細胞便顯單純，只有DNA基因和核糖體等胞器，且不含收納DNA用的細胞核，因此其DNA是四散在細胞裡，而DNA的存在區域稱為**類核體**（意思為「類似細胞核的物體」）。原核細胞的核糖體比真核細胞小了一點，DNA形狀也不同，原核細胞的DNA是環狀，真核細胞則呈線狀。

　　原核細胞和真核細胞之間的差異，相當有助於治療細菌感染的相關研究。舉例來說，真核細胞的核糖體大小約為80S（S是指當核糖體調成水溶液後，利用離心機分離時的沉降係數單位；數值愈大表示顆粒愈大）（譯注：沉降係數為離心時分子的沉降速度與離心加速度之比值，此數值與分子大小、密度、形狀等特性有關），但是病原菌（原核細胞）的核糖體較小，大約只有70S。鏈黴素、四環黴素、氯黴素等抗生素的開發，便是利用這個差異製造出只會選擇性和原核細胞核糖體結合的藥劑，以抑制原核細胞的增殖。

　　此外，原核細胞的細胞膜外側還有一層堅硬的**細胞壁**，這是細菌細胞的特徵，真核細胞則沒有細胞壁。盤尼西林及頭孢菌素等抗生素藥劑即是利用這項差異開發出來的，其原理是阻礙原核細胞的細胞壁合成，藉此殺死病原菌，但對於沒有細胞壁的人體細胞完全無害。由此可見，細胞壁的有無也是區分人體細胞和細菌細胞的一項重點。

❖ 真核細胞和原核細胞的不同

	功用	真核細胞	原核細胞
細胞大小		直徑10～20微米	直徑2～3微米
代謝方式		好氧	厭氧
細胞壁	外框	無	有
細胞膜	細胞的容器	有	有
核糖體	蛋白質的製造工廠	80S　小顆	70S　小顆
DNA	遺傳訊息	直線狀	環狀
細胞核	收納DNA	有	無
核小體	組成核糖體	有	無
高基氏體	在蛋白質上加上糖鏈	有	無
粒線體	生產ATP	有	無

1-7 細胞存活所需的各種營養素

三大營養素的重要性

　　細胞存活必須要有蛋白質、脂質、醣類、維生素、礦物質等營養素，從嘴巴吃進體內的食物被分解為營養素後，便被生物利用在成長或繁殖上。這一連串的過程，稱為**營養作用**，而以分子層次來研究這個過程的學問，就稱為「**營養學**」或是「**分子營養學**」。由此可知，營養學的基礎還是生化學。

　　營養素當中最重要的就是蛋白質、脂質以及醣類，因此又稱為**三大營養素**，除了是人體的構成材料之外，也是能量來源，因此相當不可或缺，在三大營養素中無論缺少了哪一種，都無法維持健康的身體，因此人體可以將蛋白質、脂質和醣類三者相互轉換，以避免特定營養素不足的情況。

　　蛋白質是酵素、抗體、紅血球、皮膚、頭髮、肌肉、指甲、內臟等的主要成分。其中，**抗體**可以捕捉細菌或病毒等侵入生物體內的外敵，使其沉澱無法繼續攻擊生物體。因此蛋白質在構成生物細胞、以及完備生物體抵禦外敵的防衛網等方面，可說是最重要的分子。

　　脂質包含脂肪、油脂以及膽固醇，其特徵就是「油油的」。無論是**脂肪**或**油脂**，化學成分都是**三酸甘油酯**（由甘油和脂肪酸結合所形成的物質），但可依兩者在室溫下的狀態來區分：室溫中呈固體的是「脂肪」，呈液體的則是「油脂」。

　　膽固醇的成分雖然不是三酸甘油酯，但因為同樣具有油油的性質，因此被歸為脂質之一。在人體的脂質當中，有百分之九十五都是脂肪。

醣類是能量供給的正規管道

　　醣類是白飯、麵類、芋薯類、麵包等食物的主要成分。人體唾液中

❖❖ 人體內營養素的功用

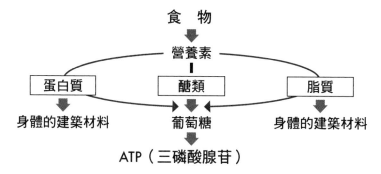

含有一種叫做**澱粉酶**的酵素，會將吃入口中的大部分醣類迅速分解成**葡萄糖**。不過，其他一些不會立刻形成葡萄糖的醣類，就必須經過幾個步驟才能逐漸轉換成葡萄糖。

當醣類血中不足的時候，生物體會利用脂質或蛋白質製造出葡萄糖。換句話說，脂質或蛋白質對生物體而言是備用的能量來源，而醣類才是體內能量供給的正規管道。

葡萄糖以及肺部從空氣中吸入的氧會溶於血液中，血液則經由遍布全身的血管巡迴到身體各處，並將營養素和氧分送給每個細胞。血液中的紅血球細胞為了通過只有幾微米寬的微血管，不像一般細胞含有基因及核糖體等胞器，而只塞滿了可和氧結合的血紅蛋白。

由於紅血球細胞沒有基因，無法增殖產生出新的分子，因此其壽命只有四個月而已。

細胞在產生所需的能量時，會將葡萄糖以燃燒反應轉化成二氧化碳和水，但這過程並非一口氣統統完成，而會依序利用好幾種酵素，讓葡萄糖分子一步一步和氧氣反應，以大量生產出具有高能量的**ATP**（三磷酸腺苷）分子。人要吃飯是為了攝取營養素，而要呼吸則是為了將氧氣吸入體內和葡萄糖反應，來有效地生產出ATP分子。

一分鐘內傳遍全身的血液

血液負責將氧氣及營養素運送到全身

為維持細胞生存，人體必須迅速有效地將營養素及氧分送到全身細胞，負責這項工作的就是血液，其重量約占人體體重的百分之八（即十三分之一），一個六十公斤的人就有約五公升的血液在全身循環。血液透過心臟這個幫浦所產生的收縮與舒張節律，被加壓推送到動脈中，因此產生**血壓**；心臟的節律會以一定頻率傳遍全身動脈，此即脈搏。一般成年人的脈搏約每分鐘七十次，小孩則為每分鐘一百次左右。

動脈血在肺部捕捉氧後，會從心臟被加壓推送到各分支動脈中，將氧和營養素提供給腦部、肝臟、消化道等器官。接著，少了氧的血液會收集體內組織不要的廢物（如二氧化碳），再經由靜脈回到心臟，此即**靜脈血**。血液循環全身後回到心臟，一次需時約一分鐘。若因受傷等原因而大量出血超過一定的量，人就會因氧和營養素無法傳送到全身細胞而死亡。致死的出血量會因個人健康狀態和體重而異，一般約是全身血量的百分之三十到四十。因此，體重六十公斤的人只要失血超過一‧四到一‧九公升的量就會死亡。人體所有器官就屬腦部最無法應付氧氣不足的情況，如果

❖❖ 血液的功用

血液會將氧氣和營養素運送到細胞，再將細胞內的二氧化碳和老化廢棄物運出

CO_2

O_2

虛線是氧氣的移動方向

二氧化碳（CO_2）＋老化廢棄物

肺　心臟

O_2

血液在體內循環一周

氧沒有送達腦部的時間超過三到五分鐘，腦部就會陷入缺氧狀態，造成無法恢復的傷害。

細胞會利用血液送來的營養素和氧，製造出所需的物質和能量；過程中營養素會被氧化，最後產生二氧化碳這個最終產物。二氧化碳就像是車輛所排放的廢氣，在體內累積過多對人體是有害的。不過還好，紅血球將氧放掉後，會再帶著二氧化碳回到肺部並釋放出來，接著二氧化碳再經由鼻子或嘴巴被呼吐到外界去。

負責運送氧氣的血紅蛋白

血液的最大特點，就是大量運送氧的能力極度地優異。如果拿水的溶氧能力來比較的話，就能明顯看出血液的特點：一千毫升的水所能溶入的氧量只有七毫升，但在一千毫升的血液中卻可溶入兩百五十毫升的氧，溶氧能力足足是水的三十五倍。血液之所以可以捕捉氧，都是多虧了其成分中紅血球所含有的一種紅色蛋白質，叫做**血紅蛋白**；血液看起來會是紅色的，也是因為血紅蛋白的緣故。

血液中的紅血球看起來是呈圓盤狀（可以想像成一個沒有挖洞的甜甜圈），直徑為七到八微米，厚度則為二微米左右。人體內較細小的微血管，其直徑不過只有一微米，明顯比紅血球的厚度還要小，但為什麼紅血球能夠毫無障礙地通過呢？祕密就在於其正中央的凹陷處。紅血球因為這個凹陷處而能巧妙地改變形狀，順利地鑽過微血管的狹窄空間。

❀➤ 紅血球的形狀

1微米　2微米

←7〜8微米→

❀➤ 血紅蛋白的氧氣飽和度和氧氣分壓的關係

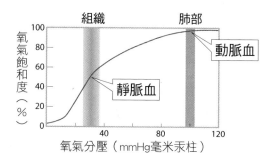

組織　　　　肺部

氧氣飽和度（%）

100 80 60 40 20 0

動脈血

靜脈血

40　　80　　120

氧氣分壓（mmHg毫米汞柱）

而紅血球所含的血紅蛋白對細胞來說就像是「氧氣的宅配業者」，會從肺部攜走對細胞而言必要的氧氣，再運送給細胞。血紅蛋白能夠擔負這個重責大任的原因，在於當周遭環境的氧氣分壓（譯注：「分壓」為混合氣體中的個別氣體壓力，環境中氧氣的壓力大小即稱為氧氣分壓，數值愈大表示環境下的氧氣愈多）增加時，血紅蛋白會將氧氣緊緊捉住，當氧氣分壓降低時，則會將氧氣釋放出來。

　　正因如此，血紅蛋白會在氧氣濃度高的肺部中捕捉氧氣，到了肌肉或腦部等氧氣濃度低的組織時，則會將氧氣釋放出去。這正是血紅蛋白如何運送氧氣的祕密所在。

血紅蛋白也有調節血壓的功能

　　血紅蛋白是一種廣為科學界研究的蛋白質，因此原以為不會再有什麼新發現，但美國杜克大學**史戴姆勒**等人的研究團隊在頂級學術期刊《自然》上發表了驚人的研究成果：血紅蛋白還具有調節血壓的功能。原本一般普遍認為當血紅蛋白碰上**一氧化氮**（NO）時，成分中的血質鐵會與一氧化氮發生反應，而將一氧化氮消耗掉，但實際研究中，血紅蛋白含有一種稱為半胱胺酸的胺基酸，當中的硫醇基（-SH）會和兩個一氧化氮分子結合成S-亞硝基硫醇（SNO），因此一氧化氮也能跟氧一樣和血紅蛋白時而結合、時而分離。

　　血紅蛋白會在肺部捕捉氧氣及一氧化氮，到了各種組織後再將兩者釋放出來，而被釋放出的一氧化氮會在同時造成血管的擴張，使血壓下降，讓血液的流動更為順暢，這樣的機制只能用「完美」二字來形容。過去在醫院裡，一旦使用血紅蛋白水溶液所製成的人工替代血液，患者就會有血壓急速上升的情形，不過從這項研究結果得知，只要將血紅蛋白水溶液換成亞硝基血紅蛋白，就能讓患者的血壓維持正常。

輸血會引發心臟麻痺！

　　一直以來輸血都被看做是延續患者生命的禮物，卻不知這反而可能為

患者招來更大不幸。近年來，美國醫師陸續發現令人憂心的現象：接受輸血的患者往往會罹患心臟疾病，而且造成死亡的比例相當高。這個現象可能為所有的患者帶來嚴重的影響，事關重大。造成這樣的原因並非血液受到病毒或過敏誘發物質等的汙染，不過相較沒有接受輸血的患者來說，接受了輸血的人確實較容易發生心臟麻痺，而且死亡比例相當高。這真是一個看似毫無道理的謎團。患者體內的紅血球不足，照理來說透過輸血得到許多能運送氧氣的紅血球後，應該能立即獲得幫助才對，但為什麼會有許多人反而因輸血而病情惡化呢？

為了解開謎團，史戴姆勒等人的研究團隊針對輸血用血液展開了追蹤調查，看看為了救命而收集的庫存血為何會招致死亡，並在二○○七年將研究結果發表在頂級學術期刊《美國國家科學研究院學報》上。

紅血球會經過微血管將氧氣運送到末梢組織，而一氧化氮能促進微血管的擴張，因此有助於紅血球的運作。不過，史戴姆勒等人的研究卻發現，輸血用的血液中幾乎不含一氧化氮，因此現行醫療上注入患者體內的其實是無法充分運送氧氣的血液。

史戴姆勒等人所進行的臨床試驗（人體試驗）結果中，因貧血而接受輸血的患者有百分之二十五發生心臟麻痺的機率，發作後三十天內的死亡率為百分之八。相較之下，相同病況但未接受輸血者，發生心臟麻痺的機率為百分之八，發作後三十天內的死亡率則為百分之三。

以上的結果雖然令人驚訝，但可以推論一旦缺少了原本該含有的一氧化氮，紅血球不但無法進入血管中較細小的地方，甚至還會不斷累積在血管的狹窄通道中，導致血流停止而傷及心臟。

因輸血引發心臟麻痺的問題能否獲得解決呢？史戴姆勒研究團隊的實驗結果發現，如果將採集後保存在血袋中的血液重新注入一氧化氮，就可以顯著降低因輸血引發的心臟麻痺及死亡機率。雖然目前這項實驗尚在以小白鼠為對象的動物實驗階段，但可以期待將血液注入一氧化氮的做法，未來在人類身上也能獲得相同的成效，不過現階段仍須等待人體試驗的結果來證實這項推論。

1-9 組成人體的細胞和組織

人體是由四種組織所構成

　　構成人體的細胞大約有兩百多種，並非只有單一種類。其中相同種類的細胞會大量聚集在一起形成組織，並可分為上皮組織、結締組織、肌肉組織及神經組織這四大類。**上皮組織**指的是區隔人體外部和內部的細胞層，例如皮膚與消化道黏膜。皮膚是由較堅硬的角質細胞所構成，這道防禦可以物理性地保護人體內部不受外界的傷害，而黏膜則是披覆在消化道的表面，負責吸收營養素。至於**結締組織**，則可以想成是一種將全身黏合起來的黏著物，例如將皮膚下的血管結合在一起，或是在肝臟與肌肉等組織中將細胞之間強力接合起來。人體中的軟骨、韌帶、肌腱、皮膚等就像是結締組織的集合物，主要成分是一種稱為**膠原蛋白**的蛋白質。膠原蛋白是由結締組織中一種稱為**纖維母細胞**的特殊細胞所合成，並且被分泌到細胞之外形成纖維。

　　在**肌肉組織**中，分為可以按照人的意志活動的**隨意肌**，以及無法用意志控制的**不隨意肌**。隨意肌的代表有能夠使骨骼移動的**骨骼肌**，而像內臟附近的肌肉由於無法以人的意志來控制，所以屬於不隨意肌。**神經組織**的功用包括從感覺器官接收外界的資訊，然後傳遞到肌肉細胞控制其運動，以及綜合所有資訊來做思考或判斷。神經組織是以**神經細胞**做為運作中心，此外還有一種像膠水般的**神經膠細胞**，由於總是黏在神經細胞的附近因而得名，其主要的功用在於提供神經細胞所需的營養素。

細胞有固定的壽命

　　以瓊脂糖膠這種藻膠成分做為培養細胞用的培養基，再另外供給葡萄

◆❖ 構成人體的四種代表性組織與細胞

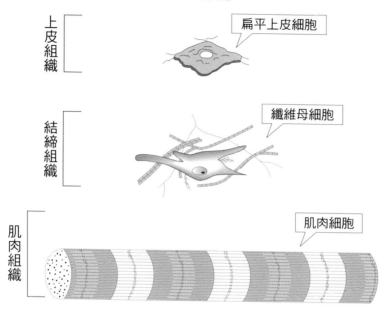

上皮組織　扁平上皮細胞

結締組織　纖維母細胞

肌肉組織　肌肉細胞

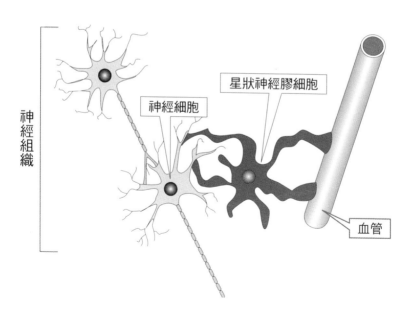

神經組織

星狀神經膠細胞

神經細胞

血管

糖、維生素、胺基酸等營養素以及氧氣，細胞便會持續成長與分裂增殖。不過，這個過程並不會無止盡地延續下去，當細胞分裂了六十到八十次左右，就會開始死亡，而且細胞不但會將分裂的次數記憶下來，這個記錄還可以保存很長一段時間。某個已分裂過三十次的細胞被冷凍至攝氏負八十度而中斷了細胞分裂的過程，幾年後在小心不傷及細胞的情況下逐漸地再回溫至三十七度，結果細胞就像沒發生任何事一樣，又重新開始細胞分裂，但在分裂了三十到五十次以後就停止，然後死亡。

控制細胞分裂次數極限的關鍵因素目前還不得而知，其中一個受到矚目的可能因素就是**端粒**，這是位於人類染色體兩端的一段鹼基序列區域，其結構是以約兩千份的六個鹼基對單位（TTAGGG）所構成。

每當細胞分裂一次，端粒就會逐漸變短，就像開車經過收費站就會用掉一張回數票一樣。目前的研究結果發現，當端粒短少到特定長度以下時，細胞就會停止分裂，死期也隨之到來。這樣說來，只要能讓端粒加長的話，細胞或許就不會停止分裂，亦**不會死亡**；換句話說，是否有可能讓細胞長生不死呢？一切的關鍵就在於**端粒酶**。端粒酶是一種用來加長端粒的酵素，通常存在於精子或卵子等生殖細胞或癌細胞當中，但在心臟、肺臟、肝臟等一般的體細胞內則不含端粒酶。

目前的研究發現，當人類體細胞被改造成可以製造出端粒酶後，端粒就不會隨著細胞分裂而變短，細胞分裂次數甚至可增加到九十次以上。

細胞一旦壽命終了，就會死亡，但組織、內臟甚至是生物個體還是能夠繼續存活。這是因為細胞在瀕臨死亡之際，會製造出一個和自己一模一樣的複製細胞；換句話說，細胞在臨終前會留下自己的子孫。除此之外，大部分在細胞內所製造出來的分子，在完成任務後就會被分解掉，之後細胞會再視需求重新製造出來。像這樣細胞破壞掉老舊的分子，再製造出全新的分子，順暢地進行分子世代交替的過程，就是所謂的**新陳代謝**。

1-10 人體內的代謝機制

營養素會轉變成各種不同形態

營養素進到人體後，會隨不同化學反應不斷轉變成各種形態，這種因體內化學反應而造成分子形態轉變的過程，稱為**代謝反應**。

代謝反應又分為分解代謝與合成代謝兩大類。所謂的**分解代謝**，是大分子營養素分解後產生小分子營養素的過程，例如澱粉分解後產生葡萄糖，脂質分解後產生脂肪酸和甘油，蛋白質分解後產生胺基酸。

當人體進行分解代謝的時候，大分子營養素所含有的能量會以ATP的形式釋放出來，蓄積儲存在體內，之後人體會視需要來利用這些ATP分子以維持生存。

為什麼大分子所含有的能量會比小分子來得多呢？因為能量是存在於分子的化學鍵結中，因此擁有較多鍵結就會含有較多的能量。簡單來說，結構愈大的分子就擁有愈多化學鍵結，內含的能量當然也愈大。

🔷 代謝反應包含分解代謝和合成代謝

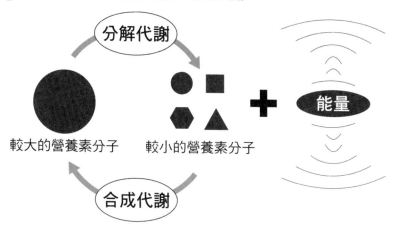

至於**合成代謝**則是將營養素分子之間結合在一起，以產生出較大分子的營養素。例如許多葡萄糖鍵結在一起產生肝醣，甘油和脂肪酸結合產生脂質，胺基酸與胺基酸結合產生蛋白質。合成代謝是和分解代謝完全相反的化學反應，會將小分子組合起來形成人體細胞成分當中的巨大分子（如基因、蛋白質等）。這個過程所需要利用到的能量，即是來自人體攝取的食物營養素在進行分解代謝時所得到的ATP分子。

人吃了牛肉後並不會變成牛，就是因為人體會將牛肉分解成胺基酸，再利用胺基酸來構成細胞、肌肉、骨骼及血液等人體的組成成分。

酵素讓體內化學反應得以順暢進行

說到**化學反應**，總是會讓人聯想到化學工廠的廠房、蒸汽鍋爐、試管等設備或器材，因為一般化學反應的發生條件都是高溫、高壓等激烈的環境；相較之下，代謝反應則是發生在三十七度C、一大氣壓下，環境條件非常溫和，因為人體內有一個魔術師，可以讓原本在體內無法進行的化學反應，以超高的速度進行反應，這就是**酵素**。酵素會發揮**觸媒**的功用，將化學反應的速度提高至原本的一百萬倍到一兆倍。這裡所謂「觸媒」的定義，指的是可以讓化學反應的速度急速升高，但其本身在化學反應前後都不會有任何改變的物質。

一個細胞當中大約有四千多種的酵素，分別負責相對應的化學反應。也就是說，細胞內之所以會有這麼多種酵素，是因為每種酵素所負責的對象都是固定的，特定的酵素只會作用在特定的分子上，並且只能催化特定的化學反應使其過程加速。其中所謂特定的分子稱為**基質**。

舉例來說，有一種由小腸壁所產生的酵素稱為**麥芽糖酶**，會專門作用

❖ 酵素（麥芽糖酶）將基質（麥芽糖）分解的情形

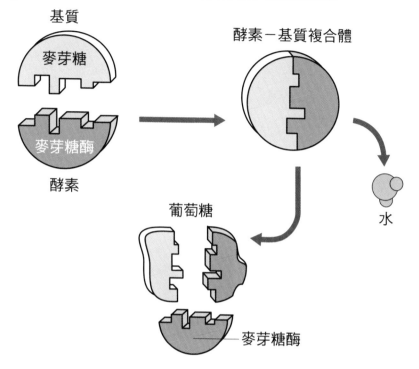

在**麥芽糖**分子上，將之分解成兩個葡萄糖分子。麥芽糖酶可以分解麥芽糖分子，但卻無法分解蛋白質、脂質或是其他的醣類，酵素這種「能夠辨識特定的化學構造，只對特定分子發揮作用」的特性，稱為**基質特異性**。換句話說，酵素最大的特點就是不會搞外遇。

有關酵素的基質特異性，其工作機制如下。首先，麥芽糖酶的特定部位會捕捉其所對應的基質，也就是麥芽糖，而形成「酵素－基質複合體」；在「**酵素－基質複合體**」當中，麥芽糖的化學鍵會逐漸被分解而變得容易切斷；接下來，麥芽糖分子的鍵結便會被切斷，產生出兩個葡萄糖分子和一個水分子。基質和酵素就像是鑰匙和鎖頭的關係，基質好比是鑰匙，而酵素的特定部位則是鎖頭的鑰匙孔，由於一個鑰匙孔只能對應一把鑰匙，因此造就了酵素的基質特異性。

1-11 生物能量貨幣 ATP的祕密

ATP分子包含三個部分

在生物體中，葡萄糖會在酵素和氧氣的作用下慢慢氧化，產生**ATP分子**（三磷酸腺苷）。若過程中的氧化反應為急遽地發生，所產生的能量就會變成熱量散失掉，不但會燒傷人體，也無法儲存能量，對人體來說無法達到效益。當生物體內需要供給能量的時候，會以ATP分子做為供給能量的「貨幣」，因此ATP分子可說是生物體維持生存的必須之物。

這裡就來看看ATP分子的樣貌。在ATP分子當中，包含了腺嘌呤、核糖與磷酸三個部分。**腺嘌呤**是DNA或RNA的核酸組成成分當中的一種「鹼基」，而**核糖**則是一種化學結構呈五角形的醣類。至於這裡的**磷酸**，則和可樂或蘇打汽水等碳酸飲料中所含的單磷酸分子不同，是由三個磷酸分子所鍵結而成的三磷酸分子。

ATP分子中含有四個帶負電的氧原子，由於距離相當接近而會彼此相斥。這個電性相斥的性質使得磷酸鍵容易被切斷，此即ATP分子能夠含有高

◆ 生物體內的能量貨幣「ATP分子」

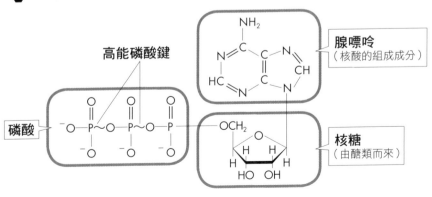

46

能量的祕密。

像這種具有高能量而隨時可能被切斷的鍵結，在化學式中並不像一般的化學鍵寫成「－」的形式，而是表示成「～」來特別強調。ATP分子會與水分子產生化學反應，使末端的磷酸鍵切斷後而變成ADP分子（二磷酸腺苷），此時會放出多達約七大卡的高熱量。

能量的計算單位「卡路里」

能量的計算單位是**卡路里**（簡稱為「卡」），而所謂一卡路里的定義，即為一克的水上升攝氏一度所需消費的**熱量**（能量）。就算吃了同樣重量的食物，也不見得會轉換成等量的能量，因為能量獲取的多寡會依所吃的食物種類而有不同。

舉例來說，一百公克的烏龍麵大約有九十大卡的熱量，而一百公克的里肌肉豬排則含有一百三十四大卡的熱量。

這裡就來計算一下在微波爐中將一杯攝氏二十度、兩百毫升的水加熱到八十度時所需的熱量有多少。此處水量為兩百克，需以微波爐加熱的溫差則為六十度（八十減掉二十），因此讓水溫上升所需的熱量即為$200 \times 60 = 12000$卡（十二大卡）。

以麥當勞的大麥克漢堡和薯條等熱門產品為例，當中含有大約七百八十大卡的熱量，足以讓七百八十公升的水上升攝氏一度。不過，一顆白煮蛋所含的熱量並不多，為八十大卡，這些熱量只能讓八十公升的水上升一度。

此外，每吃下一公克的醣類或蛋白質，大約會得到四大卡的熱量，但同樣是營養素，每吃下一公克的脂質卻會得到大約九大卡的熱量。

每公克脂質所含的熱量，是醣類及蛋白質的兩倍以上，因此當吃下許多奶油、起士、臘腸、蛋糕等含有豐富脂質的食物後，就會產生過多的能量；而能量過多的部分會以脂肪的形式在肝臟或皮膚下慢慢「累積」，使人體發胖。

1-12　ATP在體內的功用

機械性工作與化學性工作

在人體當中，ATP會被運用在機械性工作、化學性工作和運送工作上。

第一種機械性工作的代表，是人體活動時必要的肌肉收縮（參見右頁圖解 a）。舉例來說，當我們要拿榔頭敲釘子的時候，首先必須收縮手指的肌肉來握住榔頭，再收縮手腕的肌肉使手腕舉起，同時眼睛注視著釘子，不斷重覆著敲下的動作。

除了手指及手腕的活動之外，包括眼睛、鼻子、嘴巴、或是身體的微小動作，都必須使肌肉收縮才能辦到，此時就需要消耗能量。除此之外，就連細胞分裂的時候細胞也會產生動作，並同時消耗能量。

第二種化學性工作的代表，是由小分子組成大分子的**合成代謝**（參見右頁圖解 b）。當體內發生合成代謝的時候，也必須要使用到能量。

舉例來說，人體會將許多葡萄糖鍵結起來形成肝醣、利用甘油和脂肪酸產生脂質、將胺基酸與胺基酸組合成蛋白質。除此之外，體內還會利用醣類、鹼基和磷酸生產核苷酸，再將許多的核苷酸組合在一起成為DNA或RNA。這些都是屬於合成代謝的反應。

細胞膜的主動運輸也需要ATP

ATP在運送方面的代表性工作則是「主動運輸」。所謂的**主動運輸**，是指細胞將某些特定物質「逆著」細胞膜內外側的濃度梯度移動運送的過程。稍微想一下，就會發現主動運輸其實是一種非常不自然的現象。一般來說，就像水會自動從高處流向低處一樣，物質也會從高濃度的地方往低

能量的使用方式

（a）機械性工作

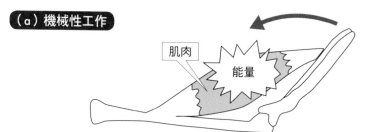

（b）化學性工作

葡萄糖	➡ 能量	肝醣
甘油＋脂肪酸	➡ 能量	脂質（脂肪）
胺基酸	➡ 能量	蛋白質
DNA	複製 ➡ 能量	DNA

（c）運送工作

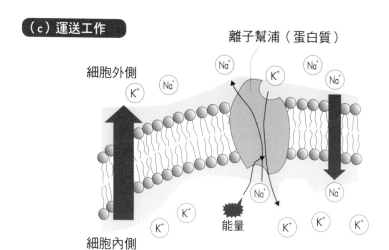

離子幫浦（蛋白質）

細胞外側

細胞內側

能量

濃度的地方移動。舉例來說，先在燒杯中倒入三分之一的糖水，然後加水並長時間靜置，到最後砂糖就會平均溶解在液體當中，使水溶液達到相同的濃度，這種自然的移動形式稱為「被動運輸」。不過，主動運輸為了產生不同於自然趨勢的移動方向，細胞便必須進行某些需要消耗能量的工作。

細胞是以脂質所構成的細胞膜來隔開內側和外側，但細胞膜並非完全密閉，上面到處都有小洞，比這些洞還大的物質便無法順利進出細胞膜。

這樣一來，理論上比這些小洞還小的分子或離子，就可以自由往來於細胞內外側，因此似乎可合理推測無論是細胞膜的內側還是外側，這些分子及離子的濃度應該都是一樣的。不過實際上，細胞膜內外側的分子及離子濃度卻相差很多。

舉例來說，在細胞外側有許多的鈉離子Na^+，但在細胞內側卻很少，濃度相差了二十倍。此外，鉀離子K^+在細胞外側很少，但在細胞內側卻很多，濃度相差了三十五倍。

細胞膜內側和外側的離子濃度理論上應該是一樣的，但實際上卻完全不同，這正是因為主動運輸所造成的結果。細胞膜上埋有一種由特殊蛋白質所組成的離子幫浦，其作用就像是細胞內側和外側之間的一扇旋轉門，將特定的離子搬進搬出，而這個幫浦運作所需的能量來源即是ATP。

離子幫浦會捕捉細胞內側的鈉離子，將其送到細胞外側去，結果便造成細胞內側的鈉離子濃度降低、外側則升高。另一方面，離子幫浦這種蛋白質則會對鉀離子進行完全相反的作用；換句話說，離子幫浦會捕捉細胞外側的鉀離子，並運送到細胞的內側。

1-13 電是人體存活的基礎！

刺激會傳到神經細胞

由於「主動運輸」的作用，使得離子濃度在細胞內外側有相當大的差別。在活著的細胞當中，細胞膜內側的電位要比外側低，而這個電位差稱為**靜止電位**，可以在神經細胞及肌肉細胞當中觀察到。靜止電位的大小會隨著細胞種類而有不同，但範圍會大致落在五十到一百毫伏特之間。只要是活著的細胞，內部就會帶有電荷。

人體的活動可以分成靜態性的精神活動以及動態性的身體活動，兩者看似天差地遠，但共同之處都是藉由來自外界的刺激使得細胞被激發，接著人體接受到的刺激會先在細胞內部裡傳遞，之後再往外傳遞給其他的

⬡ 神經細胞當中的訊息傳遞機制

■骨骼肌中細胞內外的離子濃度（單位：毫莫耳，37℃）

離子種類	細胞內側	細胞外側
鉀離子K^+	160	4.5
鈉離子Na^+	7	144
氯離子Cl^-	7	114
重碳酸離子HCO_3^-	10	28

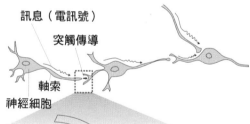

訊息（電訊號）
突觸傳導
軸索
神經細胞

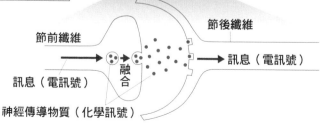

節前纖維
節後纖維
訊息（電訊號）
訊息（電訊號）
融合
神經傳導物質（化學訊號）

細胞。刺激的傳遞如果發生在**神經細胞**當中，人體就會產生思考及判斷等心靈活動；如果發生在**肌肉細胞**當中，就會產生身體的運動現象。換句話說，來自外部的刺激猶如推骨牌般在神經細胞或肌肉細胞中不斷傳遞的行為，正是生命現象的根本。

神經細胞與神經細胞之間會有縫隙，這個縫隙的部分稱為**突觸**，**電訊號**並無法通過這個縫隙。因此，當電訊號傳到突觸的時候會轉變成神經傳導物質的形式，以**化學訊號**的方式越過電訊號所無法通過的縫隙，繼續將刺激的訊息傳給下一個神經細胞。

神經細胞所接收的刺激會不斷傳遞下去

話說回來，神經細胞究竟是如何被激發的呢？當神經細胞尚未被激發的時候，細胞膜內側的電位約為負七十毫伏特；但當接收到外界的刺激時，就會打開細胞膜上的鈉離子專用小孔，使得細胞外側的鈉離子流進細胞內，細胞膜內側的電位便會因此上升。這種電位上升的現象稱為**去極化**。由於鈉離子的流入，細胞內側會從負電位逐漸上升至接近零毫伏特，最終則會達到正四十毫伏特，使得細胞膜內側的電位跟平常相反，反而比外側還高，使神經細胞呈現為**激發狀態**。

然而，神經細胞的電位並不會一直維持在這種相反的狀態。經過一段時間後，細胞膜上的小孔便會關閉，細胞膜內側則會回到原本的負電位，好讓細胞為下一次的激發狀態預做準備。這種電位回復的現象稱為**再極化**。這就是神經細胞的激發機制。

至於刺激又要如何在神經細胞之間傳遞呢？原理其實非常簡單，剛剛電訊號通過之處的鄰近細胞膜也會打開小孔，使鈉離子流進細胞膜的內部，再次產生細胞內側電位上升的現象。

接下來，這些開啟的小洞又會關閉，使細胞膜內側的電位回到原本的負電位。接著，這個才剛被激發之處的鄰近細胞膜又會打開小孔，如此的現象不斷重複發生使電流通過，電訊號就是以這樣的機制不斷地依序傳遞下去。

◆◆ 活動電位（刺激）在神經細胞軸索當中的移動情形

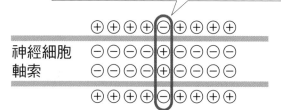

細胞膜上的小洞開啟，讓離子進出而產生電流

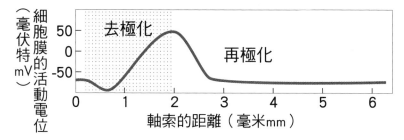

細胞膜上的小洞開啟，讓離子進出而產生電流

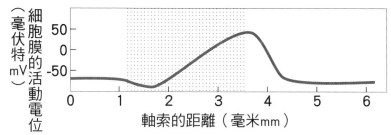

也就是說，人體是帶電的，而這個電的產生就是來自於細胞內外離子濃度的不同所造成，因此人體必須嚴格控制體內的離子濃度。人之所以需要補充鹽分，就是為了要提供離子給細胞以產生電位（譯注：鹽分當中含有鈉，進入人體後會以鈉離子的形式發揮作用）。

　　至於人體中負責控制離子濃度的主角，正是埋在細胞膜內的離子幫浦，而離子幫浦的動力則是由食物轉變型態而來的能量ATP分子。簡單來說，正因為所有活著的神經細胞都會帶電，並且這些電訊號能夠在神經細胞之中傳遞，我們才能用腦思考及活動身體。

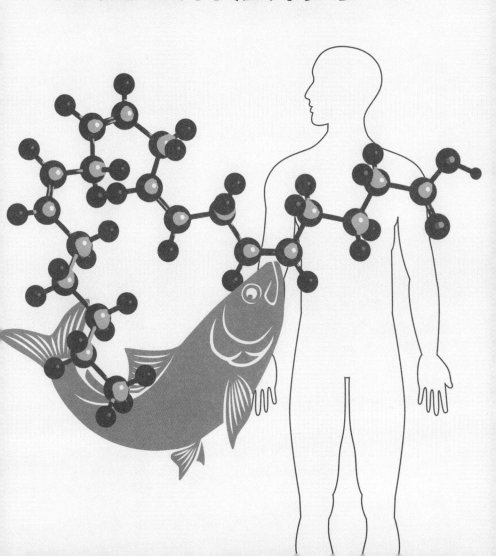

第 **2** 章

構成人體的分子
究竟長什麼樣子？

食物的消化與吸收

醣類的消化

這裡以壽喜燒這道代表性的日本料理為例，讓我們來看看食物（醣類、蛋白質、脂質）在人體內的消化過程。

首先是**醣類**的消化。當我們把壽喜燒中的青蔥和蒟蒻絲送入口中後，嘴巴裡會湧出許多唾液，當中含有大量可以分解澱粉的酵素，稱為**澱粉酶**。由於青蔥和蒟蒻絲的主要成分是澱粉，其中大多數的澱粉都會被澱粉酶分解成由兩個**葡萄糖**分子鍵結而成的**麥芽糖**（雙醣類）。

不過，這個階段口中的醣類分解也僅止於由澱粉分解成麥芽糖，另外如**蔗糖**和**乳糖**等雙醣類化合物，並無法在口中被分解。

食物被咬碎後，會從喉嚨進入食道。這是一條從嘴巴連結到胃部的通道，並非具有分解或吸收食物功能的器官，所以食物通過食道時不會產生任何反應或變化。不過，醣類通過食道來到胃部以後，同樣也不會再被消化而只是單純經過而已，這是由於胃部的酸性太強（pH值在1～3左右），讓澱粉酶無法發揮作用的緣故。

接著，醣類的消化物會來到小腸，當中有許多澱粉酶、**麥芽糖酶**、**蔗糖酶**、**乳糖酶**等強力酵素，正摩拳擦掌地等著這些消化物。除了纖維（膳食纖維）以外，食物中所含的醣類都會被這些活躍的酵素徹底分解。

所謂的纖維，包括纖維素、果膠、木質素等，這些都是植物的細胞壁、莖幹、種子、外皮的成分材料。由於人體內的酵素無法分解纖維，長年以來人們總認為食物中的纖維沒有任何營養價值，直到近年才發現纖維具有預防便祕、肥胖及癌症等功效。

接著就來看看酵素在小腸內的作用情形。酵素當中的澱粉酶負責將大

❖ 與營養素的消化吸收相關的酵素和荷爾蒙

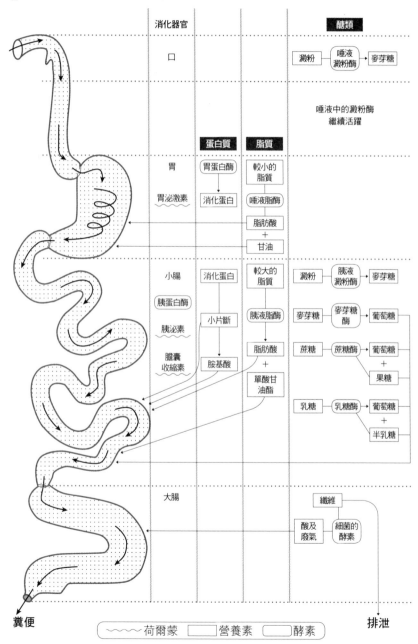

	消化器官	蛋白質	脂質	醣類
	口			澱粉 → 唾液澱粉酶 → 麥芽糖
				唾液中的澱粉酶繼續活躍
	胃 胃泌激素	胃蛋白酶 → 消化蛋白	較小的脂質 → 唾液脂酶 → 脂肪酸 + 甘油	
	小腸 胰蛋白酶 胰泌素 膽囊收縮素	消化蛋白 → 小片斷 → 胺基酸	較大的脂質 → 胰液脂酶 → 脂肪酸 + 單酸甘油酯	澱粉 → 胰液澱粉酶 → 麥芽糖 麥芽糖 → 麥芽糖酶 → 葡萄糖 蔗糖 → 蔗糖酶 → 葡萄糖 + 果糖 乳糖 → 乳糖酶 → 葡萄糖 + 半乳糖
	大腸			纖維 酸及廢氣 ← 細菌的酵素

糞便

排泄

〰〰〰 荷爾蒙　▢ 營養素　◯ 酵素

部分的澱粉分解成麥芽糖，麥芽糖酶負責將麥芽糖分解成葡萄糖，蔗糖酶負責將蔗糖分解成葡萄糖和**果糖**，乳糖酶則負責將乳糖分解成葡萄糖和**半乳糖**。

　　酵素會以非常高的效率各自分解所負責的特定醣類，並且不會插手分解其他種醣類，就像是只精於一個特定領域的專家。雖然各種醣類在外觀上非常類似，但酵素卻具有能正確找出特定醣類的辨識能力，一旦發現自己負責的對象就會立刻執行工作，這正是酵素的驚人之處。

蛋白質的消化

　　接下來以壽喜燒中的肉片和豆腐為例，來看看蛋白質的消化過程。由於口中沒有可以分解蛋白質的酵素，當肉片和豆腐進入嘴巴之後，要等通過食道遇見胃裡的酵素後，才會開始進行消化。

　　肉片和豆腐一到達胃部，就會刺激胃分泌出一種稱為**胃泌激素**的荷爾蒙，作用是促進胃液的分泌。胃液中含有一種稱為**胃蛋白酶**的酵素，會將胃中較大的蛋白質分解成「**消化蛋白**」這種較小的蛋白質形式。不過，蛋白質在胃中的分解程序就到消化蛋白為止而已，不會再被分解得更小。

　　在胃部產生的消化蛋白會被送到小腸，而小腸則會配合消化蛋白到達的時間，將**胰泌素**、**膽囊收縮素**等荷爾蒙釋放到血液當中。當這些荷爾蒙一到達胰臟，就會促使胰臟開始分泌出含有各種消化酵素及鹼離子的胰液。舉例來說，胰泌素的功用是讓胰臟分泌含有水分及鹼性離子的液體，而膽囊收縮素則會讓胰臟分泌出消化酵素。

　　胰蛋白酶是胰臟所分泌的消化酵素之一，它的作用不僅只是將消化蛋白分解成更小的片斷而已，而會一口氣將其分解成蛋白質的最小組成單位，也就是胺基酸，接著這些胺基酸便會經由小腸的腸管被吸收到體內。

脂質的消化

最後，則以壽喜燒中的牛肉和豆腐來看看脂質的消化過程。在酵素當中，有各自專職分解醣類和蛋白質的專家，而專門分解脂質的則是稱為**脂酶**的酵素，會將脂肪分解成脂肪酸和甘油。

在人體的唾液與胰液中都含有脂酶，也都具有分解脂質的能力，但兩者鎖定的脂質對象在尺寸大小和分解速度上卻有所不同。

唾液脂酶在酸性環境下的工作效率最高，因此就算到了胃部依然威力十足，其目標是鎖定在較小的脂質，以緩慢的速度分解。另一方面，**胰液脂酶**則會高速分解較大的脂質，一分鐘可分解掉一百四十公克，速度非常驚人。脂質被脂酶分解後所產生的脂肪酸、單酸甘油酯（甘油和一個脂肪酸結合而成的物質）、甘油等成分，會經由胃壁及小腸的腸管吸收到體內。

在所有脂質中，較小的脂質只占了大約百分之十到三十，因此大部分的脂質（百分之七十到九十）都是在小腸中被胰液脂酶所分解。

三大營養素在人體內的命運就如上所述。醣類消化後會變成葡萄糖等單醣類及麥芽糖、乳糖等雙醣類化合物，蛋白質會分解成胺基酸，脂質則分解成脂肪酸、單酸甘油酯、甘油等，接著這些物質會在小腸被吸收進入血液。這些營養素經由血液被運送及分配到全身各處的組織後，就成為細胞的建築材料和能量來源。

2-2 主要營養素在體內的命運

營養素代謝過程的整體樣貌

營養素被吸收進人體後會面臨什麼命運呢？這裡就從營養素中人體能量來源的「醣類」看起。醣類分解成葡萄糖後，會被人體吸收並轉換成很像是**乳酸**的**丙酮酸**。一個葡萄糖分子原本含六個碳原子，經過分解代謝後產生的丙酮酸則變成只含半數的三個碳原子。

接著，丙酮酸分子會和乙醯基（醋酸分子中的官能基）（譯注：「官能基是指化合物中能決定其分子特性的原子或原子團）及**輔酶A**（意思是「輔助酵素的物質A」）結合，形成**乙醯輔酶A**。這種物質掌握著所有營養素最終命運的關鍵，除了醣類外，蛋白質與脂質也能在分解過程中產生乙醯輔酶A，由此可知其對人體的重要性。

製造出來的乙醯輔酶A會進入TCA（三羧酸）循環，這又稱**克氏循環**，是以一九三〇年代研究醣類代謝的生化學家漢斯・克雷伯為名。此外，由於乙醯輔酶A會產生檸檬酸，因此TCA循環也稱**檸檬酸循環**。

乙醯輔酶A在TCA循環中會不斷重複循環而慢慢氧化，產生二氧化碳。這個氧化會換來「巨大的還原能力」，也就是「許多的電子」。這些電子會進入「電子傳遞鏈」的過程，像接力棒般一棒棒傳遞下去，過程中便會製造出許多被比喻為生物體內能量貨幣的高能量物質——ATP分子。電子傳遞鏈中的最後一棒跑者是氧，當氧接到電子後就會和質子（H+）結合生成水分子。

其次來看第二種營養素——蛋白質。由蛋白質分解所產生的胺基酸，會進入丙酮酸、乙醯輔酶A或TCA循環中的任一階段繼續代謝。至於第三種營養素脂質，則會先分解成甘油和脂肪酸，再被人體吸收。其中甘油在大

◆◆ 主要營養素的命運

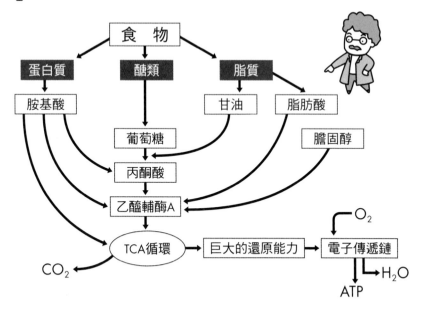

　　部分人體化學反應中會被歸類成醇類化合物，但此時卻會特別被人體視為含有三個碳原子的醣類，而被送到葡萄糖的分解過程。另一方面，脂肪酸則會不斷重覆一種「β氧化」的反應，每次反應都會分解出兩個碳原子，最後形成乙醯輔酶A。

　　在這樣的營養素代謝中，一個葡萄糖分子能製造出多少ATP呢？醣類分解時會產生六個ATP，丙酮酸生成乙醯輔酶A時也會產生六個ATP，TCA循環和電子傳遞鏈則合計產生二十四個ATP。其中，氧在電子傳遞鏈的過程裡接受電子而生成水，使得電子傳遞鏈能以超高效率生產出ATP，扮演相當重要的角色。

　　如果沒有氧的話，生物體又能製造出多少ATP呢？由於無法以缺氧而死的人類或動物進行研究，因此改用無氧下亦能生存的厭氧菌來研究，發現厭氧菌由一個葡萄糖分子只能生產出兩個ATP分子。由此可知，生物體能有如此高的能量轉換率，氧在其中的作用有多麼重要。

染色體、基因、DNA及RNA的樣貌

遺傳資訊只占DNA的百分之三

　　基因就像細胞製作蛋白質的食譜，重要性不在話下。生物的基因就是DNA，但並非細胞中所有DNA都是基因，事實上負責記錄遺傳訊息的基因約只占全部DNA的百分之三，剩下的則是功能不明的鹼基序列。另外，病毒則是以DNA或RNA兩者之一做為記錄其遺傳訊息的基因。

　　遺傳物質中的**染色體**是由許多基因聚集形成，若先將色素添加在細胞裡，當細胞分裂時，染色體就會因染上顏色而能被觀察到，因而得名。

　　細胞能利用基因製造自身成長或增殖時所需的蛋白質。所謂生物本就是由眾多可相互整合的細胞形成的集合體，而基因則是使生物能生存並保存物種延續的根源。一般或許以為如此重要的基因，其化學結構一定很複雜，然而DNA和RNA的結構其實都很單純。

　　若將DNA和RNA的化學結構畫成圖形的話，會幾乎分不出哪個是哪個，因為RNA正是由DNA複製而來，因此兩者非常相像。無論是DNA或RNA，都是以「磷酸」、「醣類」及「鹼基」三個部分所組成的核苷酸做為單位，再由一百個、一千個甚至是一萬個核苷酸單位連接起來所形成。

　　像DNA或RNA這樣由許多相同單位連結形成的巨大分子，稱為**聚合物**（英文「polymer」中的「poly」為「多數」的意思），而磷酸、醣類、鹼基所構成用來做為組成單位的核苷酸，則稱為**單體**（英文「monomer」中的「mono」為「一個」的意思）。

遺傳訊息就藏在DNA鹼基的排列方式裡

　　那麼，遺傳訊息究竟是記錄在DNA中的哪個部分呢？DNA結構中的

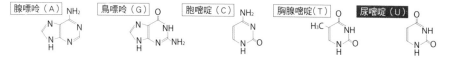

DNA的四個鹼基與RNA的尿嘧啶

腺嘌呤（A）　鳥嘌呤（G）　胞嘧啶（C）　胸腺嘧啶（T）　尿嘧啶（U）

DNA與RNA的構造

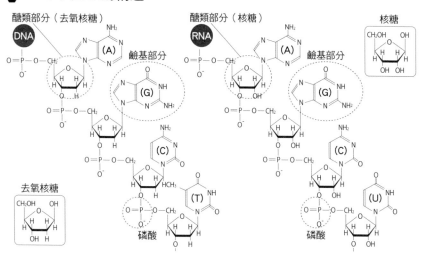

磷酸分子看起來每個都一模一樣，醣類部分也全都是去氧核糖分子（「去氧」指的是缺少一個氧原子），可見遺傳訊息並非記錄在這當中。至於DNA結構中的鹼基，則分成**腺嘌呤（A）**、**胸腺嘧啶（T）**、**胞嘧啶（C）**以及**鳥糞嘌呤（G）**四個種類，所有遺傳訊息就記錄在這些鹼基的不同排列方式中（又稱為鹼基序列）。

　　DNA分子中，醣類構造為**去氧核糖**，鹼基部分則有A、T、C、G四種；RNA分子的醣類構造則為**核糖**，鹼基部分則是以**尿嘧啶（U）**取代DNA中的胸腺嘧啶（T），為A、U、C、G這四種。此外，DNA的構造為兩條長鏈互相交纏形成雙螺旋結構；RNA則是單鏈結構，只有某些部分才會出現雙鏈構造，並且可自由彎曲而呈現各式各樣的形狀。

2-4 解開DNA的立體結構之謎

解謎之爭

　　一九五〇年代初期，英國醫學研究所兩位年輕學者決定解開DNA立體結構之謎，這兩人正是後來在生化學上留名青史的詹姆士・**華生**與法蘭西斯・**克里克**。他們直覺地認為，DNA應該是生物體的遺傳物質，因此如果能解開DNA的立體結構，肯定是世紀上的一項重大進展。

　　就在同一時刻，美國哥倫比亞大學的埃爾文・**查加夫**在期刊上發表了DNA內含鹼基數量的精密測定值，結果發現胸腺嘧啶（T）的數量和腺嘌呤（A）相等，而胞嘧啶（C）的數量則與鳥糞嘌呤（G）相等。換句話說，DNA中的**嘌呤鹼基**（即腺嘌呤和鳥糞嘌呤）與**嘧啶鹼基**（即胸腺嘧啶和胞嘧啶）在數量上是相同的，這個現象被稱為**查加夫定律**。

　　光靠這個定律並不足以解開DNA的立體結構，不過華生和克里克兩人身上卻有好運降臨，與他們同一研究所的羅莎琳・**弗蘭克林**所拍攝的DNA纖維X光片，被其同實驗室的競爭對手偷偷複製下來，所以在因緣巧合之下，他們得以看到這張X光片，從中觀察到兩個現象：

　　（一）DNA分子為螺旋結構，以十個單位為一組重複排列，每重複一次就會產生一個螺旋。

　　（二）每個螺旋結構當中含有兩個DNA分子。

　　華生和克里克兩人手上握有的資訊，就只有這兩個觀察到的現象、DNA的平面結構（參見第63頁圖解）及查加夫定律。這些資訊對一般人根本還不夠用來解開DNA的立體結構，但他們卻擁有不凡的頭腦。

　　當時兩人正與萊納斯・鮑林處在激烈的競爭中。鮑林是發現蛋白質 α 螺旋結構的加州理工學院知名化學家，也將解開DNA立體結構之謎視為下一個研究目標。

❖ DNA的雙螺旋結構

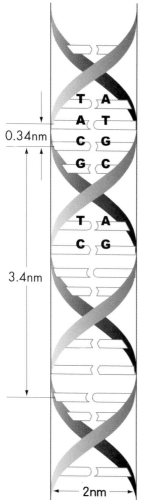

0.34nm

3.4nm

2nm

❖ 華生和克里克所發現的鹼基對構造

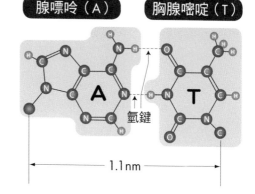

腺嘌呤（A）　胸腺嘧啶（T）

A　T

氫鍵

1.1nm

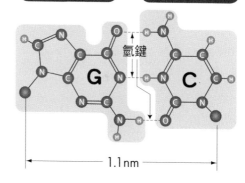

鳥糞嘌呤（G）　胞嘧啶（C）

G　C

氫鍵

1.1nm

nm（奈米）：一公厘（mm）的百萬分之一

　　華生和克里克兩人認為，要是知名化學家鮑林認真研究起來，解開
DNA立體結構不過是遲早的事，因此他們針對鮑林如何發現 α 螺旋結構的
經過進行了討論，認為鮑林並不是藉由解讀蛋白質的X光片以發現 α 螺旋結
構，而是重覆研究到底是哪些原子相互結合在一起，最終才有所發現。事
實上，鮑林主要的研究工具是像小孩積木玩具般的分子模型。

華生和克里克兩人相信，他們應該也能利用相同的方法，來解開DNA的立體結構，於是以鐵絲製成的簡陋模型做為研究的武器，動員腦中所有的化學知識，不斷地嘗試組合出DNA分子結構的樣貌，終於成功製作出合理的DNA立體結構模型，不會與DNA纖維X光片互相衝突，這也是兩位年輕學者打敗強敵鮑林的瞬間。

完美的雙螺旋結構

一九五三年，華生和克里克兩人在學術期刊《自然》上發表了這個DNA的立體結構模型，當中包含以下五個特徵：

（一）DNA是由兩條螺旋狀的長鏈，以反方向互相交纏而成。

（二）DNA分子的內側是嘌呤鹼基（A和G）和嘧啶鹼基（T和C），而磷酸與醣類部分則位於DNA分子的外側。

（三）DNA分子就像是一條很長的圓柱，直徑二奈米（nm），鹼基間以約〇‧三四奈米的距離相鄰（一奈米是一公厘的百萬分之一）。

（四）DNA兩條長鏈上面的鹼基會透過氫鍵與另一條長鏈上的鹼基結合成對，讓兩條長鏈相互連結。氫鍵指的是本來只跟一個原子結合的氫原子，恰好同時跟兩個原子產生鍵結所形成。不過，A、T、C、G四種鹼基間並非可隨意搭配成對，而受限於特定組合，腺嘌呤（A）一定跟胸腺嘧啶（T）配對，鳥糞嘌呤（G）則跟胞嘧啶（C）配對。

（五）DNA長鏈上的鹼基可以自由排序。由於鹼基序列的選擇性如此自由，生物體才能將遺傳資訊正確地傳承給子孫。

DNA立體結構中最重要的特徵，正是第四點所提到的鹼基對：腺嘌呤（A）會跟胸腺嘧啶（T）形成鹼基對，鳥糞嘌呤（G）則跟胞嘧啶（C）形成鹼基對。

華生和克里克兩人所發現的DNA立體結構，恰好能夠展現出遺傳現象的本質。兩人在完成這個DNA模型後，也讚嘆於果然自然界中就是存在著如此完美的結構，所謂的真理，往往是既單純又美麗的。

2-5 蛋白質是構成細胞的主角

蛋白質的特性

蛋白質是生物體中最常見的有機物質，能讓所有生物的身體組織不斷成長，以及修復損壞的部位。正因如此，古代希臘人便稱蛋白質為「proto」，意指「最重要的」。

所謂的蛋白質，是一種相當長的**聚合物**，由許多胺基酸連結而成，能夠做為細胞的建構材料、運送氧氣的血紅蛋白、捕捉病原體的抗體、甚至是讓體內化學反應順利進行的酵素等等。雖然生物體無法直接利用蛋白質做為能量來源，不過一旦醣類不足的時候，蛋白質就會進入醣類的分解循環，轉換成能量。

蛋白質、醣類、脂質三者的共通點，在於都是由碳、氫、氧三種原子所構成。不過，蛋白質還含有醣類及脂質所沒有的大量氮原子，以及少量的硫與磷。

構成蛋白質的胺基酸結構及特性

蛋白質是以胺基酸為單位所構成的聚合物，因此要先認識胺基酸的特性後，才能進一步去了解蛋白質。所謂的**胺基酸**，指的是一種同時具有**胺基**（$-NH_2$）與**羧基**（$-COOH$）的分子，而胺基酸的化學特性正是源自這兩種官能基。

這裡先來看看胺基酸的結構及特性（參見第69頁圖解a）。位於胺基酸正中央的碳原子（稱為 α 碳原子）會伸出四隻手，每一隻手分別捉住R、$-NH_2$、H、COOH等四個官能基。

其中R稱為**支鏈**，隨著支鏈的種類不同，所形成的胺基酸也不同，當支

鏈為氫原子（R=H）時，所形成的胺基酸便稱為甘胺酸；如果支鏈為甲基（R=CH₃），所形成的胺基酸則稱為纈胺酸。不過，用來構成天然蛋白質的胺基酸，其支鏈種類數是有限的，只有二十種。

接著來看胺基（－NH₂）的化學特性。所謂的胺基，是由一個氮原子和兩個氫原子結合而成的官能基，其組成的形態像極了帶有刺激性臭味、會對眼睛造成刺激的**氨氣**（俗稱阿摩尼亞，NH₃）。

因此，這裡先來看看氨氣的化學特性。當氨氣溶於水中（參見第69頁圖解b），氨氣會從水分子這邊拿到氫離子（H⁺，即質子），產生銨離子（NH₄⁺）和氫氧根離子（OH⁻），其中**氫氧根離子**會表現出強鹼性。由此可知，跟氨氣結構相似的胺基同樣具有接受質子、產生氫氧根離子的特性，因此也帶有**鹼性**。

其次要來看看**羧基**（－COOH）的化學特性。說到帶有羧基的分子，一般最熟悉的應該是食用醋的成分之一「醋酸」（CH₃COOH）。醋酸一旦溶於水中，就會釋放出質子給水分子，產生**鋞離子**（或稱水合氫離子，H₃O⁺）；醋酸便是因為這些鋞離子的緣故，而帶有**酸性**。在化學式中為了表示方便，通常會將酸性的H₃O⁺簡寫成H⁺。

看到這裡，應該能夠發現到胺基**酸**分子同時帶有酸性與鹼性的性質。換句話說，由於胺基酸分子當中兼具酸性及鹼性的官能基，因此無論處在哪一種環境下，一定會有其中一個官能基發生反應。在生化學的學習上，這種直覺式的聯想非常重要。

實際上，生物體中的胺基酸分子會產生酸鹼反應，而以離子的方式存在於生物體中（參見第69頁圖解d）。但為了方便表示，在化學式中通常會以圖解a這種尚未離子化的胺基酸結構來呈現生物體中的胺基酸形態。

❖❖ 胺基酸的結構及特性

(a) 胺基酸的結構

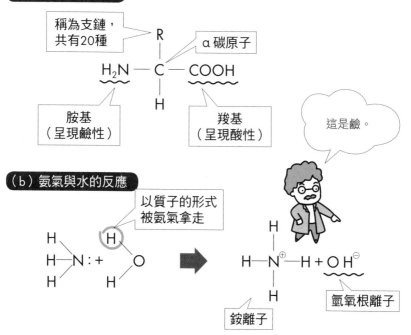

稱為支鏈，共有20種

R

α碳原子

$$H_2N - \overset{\underset{\displaystyle |}{R}}{\underset{\displaystyle |}{C}} - COOH$$

胺基（呈現鹼性）

羧基（呈現酸性）

這是鹼。

(b) 氨氣與水的反應

以質子的形式被氨氣拿走

$$H - \overset{H}{\underset{H}{N}} : + \quad \overset{H}{\underset{H}{O}}$$

$$H - \overset{\overset{\displaystyle H}{|}}{\underset{\underset{\displaystyle H}{|}}{N^{\oplus}}} - H + OH^{\ominus}$$

銨離子

氫氧根離子

(c) 醋酸與水的反應

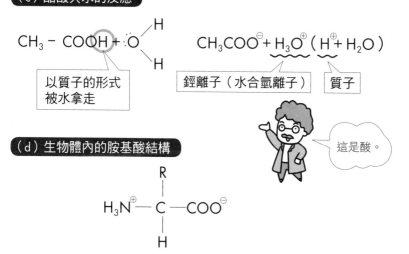

$$CH_3 - COOH + \overset{H}{\underset{H}{\ddot{O}}}$$

以質子的形式被水拿走

$$CH_3COO^{\ominus} + H_3O^{\oplus} (H^{\oplus} + H_2O)$$

鋞離子（水合氫離子）

質子

這是酸。

(d) 生物體內的胺基酸結構

$$H_3N^{\oplus} - \overset{\overset{\displaystyle R}{|}}{\underset{\underset{\displaystyle H}{|}}{C}} - COO^{\ominus}$$

蛋白質是如何形成

由胺基酸藉胜肽鍵連結而成

這裡來看看生物體製造**蛋白質**的方式（參見右頁圖解a）。假設現在有1號胺基酸和2號胺基酸，它們無法只是因為彼此靠近就能產生新的鍵結，必須要接近到會互相排斥的程度，才會開始進行化學反應。此時，1號胺基酸的**羧基**（$-COOH$）會和2號胺基酸的**胺基**（$-NH_2$）反應，去掉一個水分子（在化學上稱為脫水反應），使得兩者產生鍵結結合在一起（在化學上稱為縮合反應）。

像這種去掉一個水分子之後，讓A分子和B分子形成「A-B」分子的反應，在化學上稱為**脫水縮合反應**。

兩個胺基酸之間會以「$-CONH-$」的化學鍵相互連接，這個鍵結稱為「**胜肽鍵（peptide bond）**」。除此之外，希臘語中的「di」有「二個」的含意，因此像這種由兩個胺基酸所形成的物質，被稱為「**二肽（dipeptide）**」，由三個（希臘語為「tri」）胺基酸所形成的物質，則稱為「**三肽（tripeptide）**」。就像這樣，胺基酸可以一個接一個地連接下去。

蛋白質當中，胜肽鍵不斷重覆的部分稱為**主鏈**，從主鏈的 α 碳原子分支出來的部分即是**支鏈**（R）。所謂的蛋白質，其實是由許多胺基酸以胜肽鍵不斷連接而成的**聚合物**。

這裡所謂的「許多胺基酸」，範圍廣大到介於一百個到一千個左右，因此蛋白質又稱為「**多肽（polypeptide）**」，英文字首的「poly」即是「許多」的意思。

至於由十個以下的胺基酸所組成的蛋白質，則稱為「**寡肽**」。人體中有許多具有重要功用的荷爾蒙都屬於寡肽，例如讓子宮收縮的**催產素**、使

❖ 蛋白質的產生方式

（a）肽鍵的產生方式

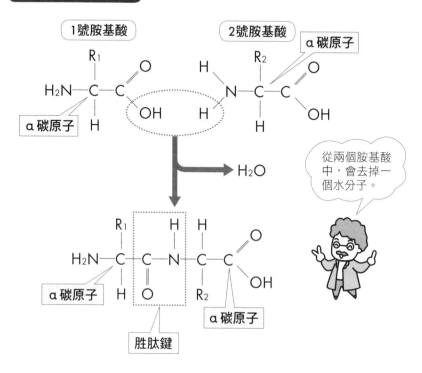

從兩個胺基酸中，會去掉一個水分子。

（b）蛋白質是由胺基酸鏈結形成的聚合物

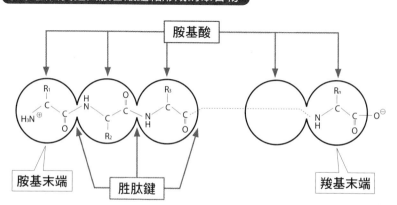

血壓升高的**血管加壓素**以及抑制疼痛的**腦啡肽**等等。

蛋白質的組合多樣性可說無限大

接下來要看看蛋白質的化學結構。多肽（即蛋白質）的構造從前頁圖解b看起來就像是一條延伸出去的直線，但實際上卻是往三度空間延伸的立體結構，大致可分成纖維狀（絲狀）和球狀這兩大類形狀。

纖維狀（絲狀）的蛋白質幾乎不溶於水，因為具有這種性質，通常用於組成細胞膜或藏有基因的細胞核，同時也是人體頭髮、皮膚、肌肉、筋腱、軟骨等部位的建構材料，因此又被稱為**構造蛋白質**。

另一方面，**球狀蛋白質**則是非常容易溶於水中，這是因為不溶於水的疏水性支鏈聚集在分子內側，溶於水的親水性支鏈則露出在分子的外側，使得整個蛋白質因此具有親水性。球狀蛋白質的代表有生長激素、血紅蛋白、抗體、以及人體內主導化學反應進行的酵素等等。

蛋白質之所以能在細胞內扮演著重要的角色，就是因為蛋白質具有組合上的多樣性，可以滿足生物體的各種需求。

接著就來看看蛋白質組合多樣性的祕密。由於構成蛋白質的胺基酸一共有二十種，因此由兩個胺基酸所鍵結形成的二肽，其組合方式就有 $20 \times 20 = 400$ 種可能。至於由三個胺基酸所鍵結形成的三肽，其組合方式則有 $20 \times 20 \times 20 = 8000$ 種可能。

只要鍵結上每增加一個胺基酸，多肽的組合可能性就增加二十倍。舉例來說，光是由十個胺基酸所鍵結形成的十肽，其組合方式就有 $20^{10} = 1.024 \times 10^{13}$ ＝十兆兩千四百億種可能，簡直就是天文數字。

形狀為一般大小的蛋白質，少說都是由一百個胺基酸所鍵結而成，因此蛋白質實際的組合可能性可說是無限廣大，這也正是蛋白質具有許多能力的祕密所在。

2-7 蛋白質的重要結構——α螺旋與β摺板

細看蛋白質的結構

　　細胞的核糖體所合成出來的蛋白質，會在水中自動摺疊起來，形成特定的立體結構；而隨著胺基酸支鏈種類的不同，以及支鏈周圍有哪些胺基酸，所形成的立體結構也會有所不同。目前已經知道影響蛋白質摺疊方式的因素有兩個，一個是不溶於水的支鏈（**疏水性胺基酸**的支鏈），它們為了盡量避開水分子，會互相結合躲在蛋白質的內部，這種化學鍵結稱為**疏水鍵**；另一種則是溶於水的支鏈（**親水性胺基酸**的支鏈），它們會凸出到蛋白質外側，與水分子結合。

　　蛋白質就是因為以上兩種支鏈特性，才能順利溶於水中發揮功用。如果疏水性胺基酸的支鏈凸出到蛋白質外側，蛋白質就會無法溶於水而產生沉澱，但若酵素或抗體無法溶於水中，就無法發揮原本的功能。

　　這裡就來仔細看看蛋白質的結構。一旦進到蛋白質的主鏈裡，就會發現當中包含了右旋的**螺旋結構**（ α 螺旋）和**板狀結構**（ β 摺板）等構造。**α螺旋**和**β摺板**是蛋白質當中最重要的構造，由氫鍵（下頁圖解中的虛線部分）維持而成。除此之外，還有一種稱為**β迴旋**的構造，結構上位於 α 螺旋和 β 摺板之間，專門負責連接不同的特定結構。

　　 α 螺旋結構的特徵，在於其**氫鍵**都會產生在同一條長鏈之中，至於 β 摺板結構當中的氫鍵，則會產生在兩條彼此平行的長鏈之間。而結構上會形成 α 螺旋還是 β 摺板，則是依支鏈種類（也就是胺基酸的種類）以及支鏈的排列方式來決定。

　　一直以來，蛋白質結構大多是靠X光結晶繞射分析技術來得知，但要培養出能用來分析結構的蛋白質晶體，卻要花費相當長的時間。因此從

❖ 決定蛋白質結構的 α 螺旋和 β 摺板

（a） α 螺旋

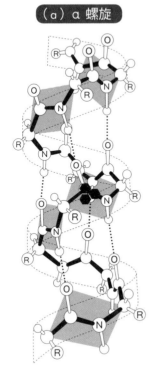

- 形成右旋螺旋結構
- 氫鍵都產生在同一條長鏈之中

（b） β 摺板

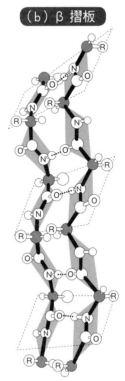

- 形成板狀結構
- 氫鍵產生在兩條彼此平行的長鏈之間

一九七○年代開始展開了胺基酸序列的分析，希望能不需進行任何晶體培養實驗，即可從胺基酸序列的分析結果直接預測出蛋白質的結構。

　　換句話說，將X光繞射分析技術所得的許多蛋白質立體結構，與個別蛋白質的胺基酸序列進行統計分析後，即可得知哪些胺基酸比較容易形成 α 螺旋、 β 摺板或 β 迴旋等結構。例如較易形成 α 螺旋的胺基酸有丙胺酸、半胱胺酸、白胺酸、甲硫胺酸、麩醯胺酸、麩胺酸、組胺酸、離胺酸；較易形成 β 摺板的胺基酸有纈胺酸、異白胺酸、苯丙胺酸、酪胺酸、色胺酸、蘇胺酸；至於甘胺酸、絲胺酸、天門冬胺酸、天門冬醯胺酸、脯胺酸等胺基酸，則較易形成 β 迴旋結構。

2-8 蛋白質的外觀長成什麼樣子

蛋白質的結構分為四個層級

　　蛋白質結構分成一級到四級等四個層級，這裡就以體內負責搬運氧氣的巨大蛋白質「血紅蛋白」為例，來看看蛋白質的結構。首先，**一級結構**指的是多肽（即蛋白質）中的胺基酸以什麼樣的順序排列而成，也就是胺基酸序列，或簡稱序列。**二級結構**指的則是由多肽鏈所形成的 α 螺旋或 β 摺板。

　　三級結構是由許多 α 螺旋和 β 摺板等二級結構聚集並摺疊彎曲所形成的立體構造，有球狀或纖維狀等，人體內像是酵素、抗體、荷爾蒙等許多

◆ 蛋白質的立體結構

（a）一級結構

-A1-A2-A3-A4-A5-A6-A7-A8-

（b）二級結構

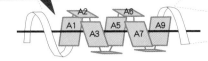

（c）三級結構

血紅蛋白是由四個屬於三級結構的蛋白質（稱為次單元）所組成，位於每一個血紅素單元（色素成分）正中央的鐵質，會與氧氣結合或分離。
（譯注：用來組成四級結構的三級結構蛋白質分子，有「次單元」之稱。）

血紅素單元

（d）四級結構

蛋白質都只停留在這個層級。如果要構成像血紅蛋白這種巨大蛋白質，就要由數個三級結構以特定形式連結，進一步形成**四級結構**。例如有一種存在人體肌肉中負責儲存氧氣的**肌紅蛋白**，屬於三級結構，而**血紅蛋白**正是由四個和肌紅蛋白非常相似的蛋白質聚在一起所組成，負責將氧氣運送到全身各處的細胞。

蛋白質之所以能形成並維持這些二級結構、三級結構、四級結構，原動力來自於**氫鍵**、**雙硫鍵**、**疏水鍵**等結合力較弱的鍵結。**雙硫鍵**（－S－S－）是指由半胱胺酸這種胺基酸所含的硫氫基（－SH），與另一個位於其他長鏈上的半胱胺酸硫氫基之間所產生的鍵結；**疏水鍵**則是由纈胺酸、異白胺酸、苯丙胺酸等胺基酸所含的疏水性支鏈，因彼此的吸引力而結合產生的鍵結。

氫鍵、雙硫鍵和疏水鍵都是結合力相當弱的鍵結，因此若將蛋白質暴露於強酸或強鹼的環境下，或直接拿來加熱，這些脆弱的鍵結很容易就會破壞殆盡，使蛋白質的立體結構無法維持，原本的功能便會喪失，這種現象稱為**蛋白質的變性**。殺菌或消毒即是透過加熱或化學藥劑的作用，讓病原體的蛋白質變性，達到除去病原體的效果；肉類經過加熱烹煮後會變得柔軟，也是蛋白質變性的緣故。因此，無論微生物或大型動物的細胞，都會將其內部的pH值與溫度控制在非常狹窄的固定範圍內，以避免蛋白質的變性。

此外，許多 α 螺旋或 β 摺板結構會互相組合，形成獨特的立體結構，以做為蛋白質運作的活性部位，稱為**結構域**。也多虧有結構域，蛋白質才能正常運作。而人體內蛋白質結構域的數量，理論上不超過蛋白質的種類數，也就是等同於人類基因的種類數，大約為兩萬兩千個（譯注：可以想成一個基因等於一種蛋白質食譜，因此可推論蛋白質種類數會大約等於基因種類數）。

有關蛋白質結構域的結構及功能的研究領域，稱為**蛋白質摺疊學**，目前科學界正以美國或日本為中心，積極進行蛋白質摺疊學的相關研究。

2-9 醣類是人體的能量來源

醣類是由碳和水結合而成的物質

　　醣類究竟是什麼樣的物質呢？只要思考名稱的背後含意，就可以立刻知道醣類的特性。醣類又稱為碳水化合物，而所謂的**碳水化合物**，就是指「由碳和水組成的化學物質」，化學式表示為（CH_2O）n。

　　從這個化學式中，可以充分表現出醣類是由一個碳原子（C）和一個水分子（H_2O）結合而成的化合物，其中的n是指醣類所含的碳原子數量，通常是介於三到七之間的整數。

　　當砂糖加到咖啡或紅茶之中，一下子就會溶解而消失無蹤。砂糖之所以會溶於水，是因為砂糖的結構和水非常相似，「性質相近的物質很容易互相溶解」正是化學的基本原理之一。舉例來說，水和乙醇在化學結構上都含有氫氧基（－OH），彼此的化學性質非常相近，因此水和乙醇可以任意混合，像威士忌的水割喝法便是透過單杯、雙份、加冰塊等方式隨意調整酒精濃度，調配出醉人的口感。

　　到目前為止已經介紹過許多醣類，如果用分子的結構式來區分的話，可以分成五邊形和六邊形兩大類（譯注：結構式是以元素符號代表原子、以直線代表原子間的鍵結，用以表示分子的架構。其中碳原子為有機分子的中心骨幹，符號經常予以省略，而形成分子的骨架形狀，例如分子中有五個碳原子的話，其簡略的結構式就

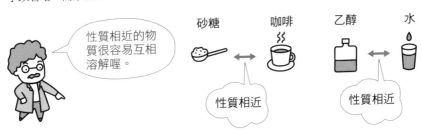

性質相近的物質很容易互相溶解喔。

砂糖　　咖啡　　　　乙醇　　水

性質相近　　　　性質相近

會呈五角形），其中五邊形的醣類稱為**五碳醣**（pentose，希臘文的「penta」有「五」的意思），而六邊形的醣類則稱為**六碳醣**（hexose，希臘文的「hexa」有「六」的意思），在人體中都扮演著重要的角色。

舉例來說，五邊形的五碳醣包括**去氧核糖**和**核糖**，兩者分別是DNA（去氧核糖核酸）和RNA（核糖核酸）的組成成分之一。另一方面，六邊形的六碳醣代表則有人體能量來源的葡萄糖、擁有最強甜味的果糖、以及半乳糖等等。

在生物體當中，果糖和半乳糖大多會與蛋白質或脂質結合，較少獨自存在。相較之下，**葡萄糖**則可以單獨存在於血液或細胞之中，做為細胞的能量來源。不僅如此，由於腦部只能靠葡萄糖做為能量來源，一旦葡萄糖含量不足，頭腦就無法順利運作，因此就必須要攝取適量的葡萄糖才行。

單醣類、雙醣類、多醣類的區分取決於碳環的數量

所謂**單醣類**，是指由一個五邊形或六邊形的碳環所構成的醣類。至於由兩個碳環連接而成的醣類，則稱為**雙醣類**，也就是由兩個單醣所連結而成的醣類分子。以此類推下去，三個碳環的是**三醣類**，四個碳環是四醣類，五個碳環是五醣類，六個碳環就是六醣類……醣類的分類正是以當中所含的碳環數量來區分。

此外，三醣類到十醣類之間的醣類分子又稱為**寡糖**（oligosaccharide），其中「oligo」在希臘文中意指「少數的」。寡糖跟膳食纖維一樣，都無法被人體的消化酵素所分解，所以會直達小腸，變成小腸中比菲德氏菌、乳酸菌、納豆菌等益生菌的食物。因此，寡糖能讓小腸中的益生菌增加，發揮整腸的作用。

至於由許多碳環所組成的醣類，則稱為**多醣類**，其中包括肝醣、澱粉以及纖維素。在右頁圖解中，可參見單醣類、雙醣類以及多醣類的簡單示意圖。

❖❖ 各式各樣的醣類化學結構

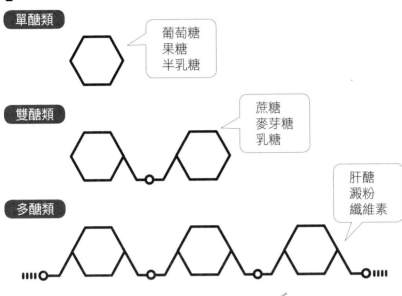

單醣類

葡萄糖
果糖
半乳糖

雙醣類

蔗糖
麥芽糖
乳糖

多醣類

肝醣
澱粉
纖維素

❖❖ 各種代表性醣類的特點

單醣類	
葡萄糖	最重要的醣類，人體的能量來源
果糖	擁有最強的甜味，水果當中含量甚多
半乳糖	母乳和牛奶中所含乳糖的組成成分
核糖	RNA的成分
去氧核糖	DNA的成分
雙醣類	
蔗糖	即砂糖，葡萄糖＋果糖
麥芽糖	澱粉的分解物，葡萄糖＋葡萄糖
乳糖	母乳和牛奶的成分，葡萄糖＋半乳糖
多醣類	
肝醣	儲存於動物肝臟及肌肉中的葡萄糖聚合物
澱粉	植物中儲有的葡萄糖聚合物，人體可以消化
纖維素	植物中儲有的葡萄糖聚合物，人體無法消化

葡萄糖的重要功能

所謂的單醣類，指的是只含一個醣類單位（即一個五邊形或六邊形結構）的物質。目前在自然界中大約發現了兩百多種的單醣類，其中最為人熟知的有葡萄糖、果糖以及半乳糖。

人體中最重要的醣類是**葡萄糖**，亦名**右旋糖**，或以**血糖**來稱呼存在於血液中的葡萄糖，因此又稱為**血糖**。

葡萄糖的重要性來自於以下所具有的三個功用：

（一）葡萄糖是細胞的能量來源。

（二）多餘的葡萄糖會轉換成肝醣，儲存在人體的肌肉及肝臟中，一旦血液中的葡萄糖不足，肝醣就會立刻變回葡萄糖來幫助細胞。

（三）多餘的肝醣會轉換成脂肪並儲存在體內，之後再依據人體的需求，從肝醣變回葡萄糖，做為細胞的能量來源。

果糖則是植物所生產的最主要醣類，在各種醣類之中帶有最強的甜味，味道甘美，在日常生活中經常可見。像是又甜又好吃的柿乾表面有一層「白粉」，這就是果糖；此外，在其他水果和蜂蜜當中也含有大量果糖。

另外，哺乳中的動物乳腺會生產出乳糖，而**半乳糖**正是乳糖的組成成分，大量存在於母乳及牛奶當中。

由於葡萄糖才是人體的能量來源，就算吃了果糖或半乳糖，人體也必須先在肝臟將其轉換成葡萄糖，而無法直接利用。但若是血液中的葡萄糖含量充足，此時多餘的葡萄糖便會轉換成雙醣類及多醣類，儲存在肌肉組織或肝臟之中。

❖ 葡萄糖、果糖、蔗糖的結構

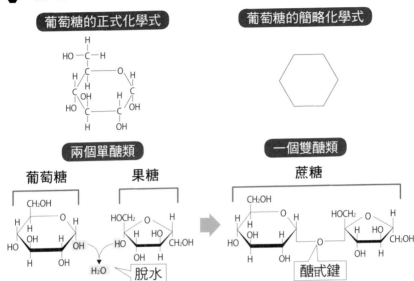

雙醣類是由兩個醣類連結而成

　　雙醣類是由兩個單醣手牽手所連結而成的，代表性的例子為蔗糖、麥芽糖以及乳糖。葡萄糖和果糖會由兩者的氫氧基（－OH）去掉一個水分子，讓兩者鍵結在一起，形成蔗糖這種雙醣類分子，而形成的化學鍵結稱為**醣苷鍵**。

　　蔗糖就是日常生活中所使用的砂糖，大量存在於水果、種子、植物根部、蜂蜜等等。三餐攝取的蔗糖在進到小腸之後，會被蔗糖酶這種酵素分解成葡萄糖和果糖。至於**麥芽糖**，則是由兩個葡萄糖所形成的雙醣類，同時也是澱粉及肝醣的組成成分，會在小腸中被麥芽糖酶分解成兩個葡萄糖分子。**乳糖**在母乳中含量有百分之七、在牛奶中含量有百分之五，進入到小腸後會被乳糖酶分解成葡萄糖和半乳糖。

　　無論是哪一種雙醣類，人體的腸道都無法直接吸收，因此雙醣類到了小腸之後，會被當中的酵素分解成單醣類。就像這樣，所有的醣類都要先轉換成單醣類由腸道吸收，之後才能做為細胞的能量來源。

由許多醣類連接而成的多醣類

纖維素無法歸類為營養素的原因

在多醣類之中，以澱粉、纖維素、肝醣最為重要，每一種都是由葡萄糖分子長長鏈結起來所形成的物質。**澱粉**和**纖維素**是植物進行光合作用所產生的多醣類代表，由大約一百個到一千個葡萄糖分子以念珠方式連結在一起所形成。至於**肝醣**則是人體肝臟所製造的多醣類，大約由兩萬個葡萄糖分子連結形成。一個體重七十公斤的成人男性，其肝醣含量在肝臟有七十克，在肌肉組織則有一百二十克。

人體中含有可以分解澱粉和肝醣的酵素，因此可以將這些醣類當做營養素來利用。不過，人體並不含能夠分解纖維素的酵素，所以無法利用纖維素。澱粉和纖維素雖然都是葡萄糖組成的聚合物，卻因為在化學結構上的小小差異，導致兩者在營養學的觀點上可說是完全不同的物質。

澱粉當中的葡萄糖分子，是以 **α-1,4醣苷鍵**（α是指「鍵結在化學結構裡朝下」的意思）互相連接，但纖維素中的葡萄糖分子，卻是以 **β-1,4醣苷鍵**（β是指「鍵結在化學結構裡朝上」的意思）互相連接（參見右頁圖解）。

人體的**澱粉酶**可以順利切斷 α-1,4醣苷鍵和 **α-1,6醣苷鍵**，但無法切斷 β-1,4醣苷鍵，這正是纖維素之所以無法成為人體營養素的原因。自然界中有一種稱為**纖維素酶**的酵素，就像是一把可以順利切斷纖維素的剪刀，不過包含人類在內的大多數生物，體內幾乎都沒有這種酵素。

這也難怪會如此。要是纖維素酶普遍存在於自然界之中，植物的細胞壁就會被分解精光，如此一來，植物便無法生存下去。在演化過程中，植物為了能夠延續物種，特意選擇了纖維素這種聚合物做為細胞壁的材料，只有自然界中含量極少的纖維素酶能夠將其分解，這樣一來便能順利存活下去。

澱粉、肝醣、纖維素的化學結構

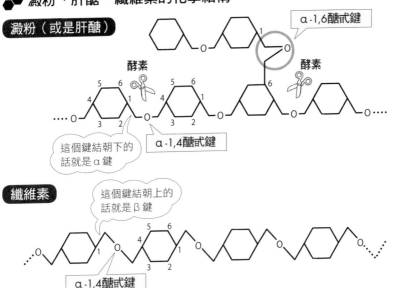

澱粉與肝醣是由許多葡萄糖以 α-1,4醣苷鍵所鍵結而成。另一方面，纖維素則是葡萄糖以 β-1,4醣苷鍵所鍵結而成。
除此之外，澱粉與肝醣之中還含有在各處分支的 α-1,6醣苷鍵。

　　葡萄糖之間的鍵結是朝上（β鍵）還是朝下（α鍵），光是這麼一點小小的差異，就能讓酵素完全無能為力。大自然的一切，正是靠著如此巧妙的機制在運作。

支鏈澱粉造成糯米的黏性

　　白米的成分是澱粉，由於生米太硬無法直接吃，一般會煮熟後再食用。澱粉可分為 α 型與 β 型，**β 型澱粉**的分子非常緊密扎實，酵素不易發揮功用，但如果將 β 型澱粉加水後再加熱，緊密結合在一起的分子便會逐漸鬆開，轉變成可以被酵素輕易分解的 **α 型澱粉**。然而，一旦溫度下降，殘留著水分的 α 型澱粉就會變回原本堅硬的 β 型澱粉。剛搗好的麻糬非常

柔軟，過了一段時間卻會開始乾掉變硬，便是這個緣故。

如果將變硬的麻糬拿去烤，就會再度變得柔軟，則是因為 β 型澱粉和麻糬中所含的水分一起被加熱後，就會變回 α 型澱粉。

一般的白米又稱為精製米，成分中含有百分之八十的直鏈澱粉、百分之二十的支鏈澱粉。所謂的**直鏈澱粉**，指的是以 α-1,4醣苷鍵結合而成的直鏈狀聚合物。至於**支鏈澱粉**這種聚合物當中，除了含有 α-1,4醣苷鍵之外，還有許多以 α-1,6醣苷鍵連結出去的分支。米飯之所以會有獨特的黏性，正是因為這些支鏈澱粉的緣故，而糯米的黏性又比精製米更強，便是因為當中支鏈澱粉的比例幾乎是百分之百。

換句話說，精製米和糯米之間的差別，一切取決於葡萄糖分子的連結方式。

❖❖ 肝醣、直鏈澱粉、支鏈澱粉的化學結構

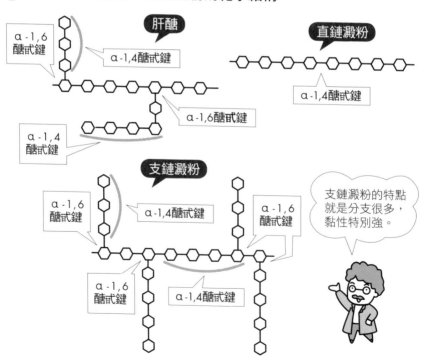

84

2-12 脂質是什麼

脂質分為固體和液體

「**脂質**是什麼」這個問題可說是一言難盡，因為脂質之中包括了脂肪、油，甚至是像膽固醇等類固醇分子等等，涵蓋範圍相當廣泛。

在室溫環境下，固體的脂質稱為**脂肪**，液體的脂質則稱為**油**（或油脂）。一般人認為有害健康的脂肪，指的是某些在室溫會形成固體的三酸甘油酯；然而，脂質不但是細胞的儲備燃料，也是細胞膜的組成成分，要是沒有了脂質（脂肪），人類也無法存活。

本書中所談的脂質分子，前提都是指「一個分子中同時兼具親水性部分和完全相反的親油性（疏水性）部分」。換句話說，脂質同時共存著和水分子較親近的結構，以及和油脂較親近的結構。

目前為止所介紹的醣類或蛋白質，在化學式上都可以明確畫出分子的化學結構。舉例來說，醣類以六邊形的單醣分子為單位，藉著醣苷鍵相互結合而成，至於蛋白質，則是許多胺基酸以胜肽鍵這種特殊化學鍵結合而成的分子。然而，脂質不但沒有明確的鍵結模式，甚至沒有一個特定的分子形狀。雖然如此，依據剛才的前提，我們仍能大致想像出脂質的樣貌。

❖ 脂質是什麼樣的分子

親水性部分

頭　尾巴

親油性部分

脂質的樣貌大概就像這個樣子。

三酸甘油酯與膽固醇

　　甘油酯和膽固醇可說是人體內的代表性脂質。所謂的**甘油酯**又稱為**中性脂肪**，指的是甘油跟一到三個脂肪酸以酯鍵結合而成的物質，而甘油和三個脂肪酸結合而成的物質，便稱為**三酸甘油酯**（參見右頁圖解a），隨著脂肪酸的烴基（R）種類不同，便有各式各樣的三酸甘油酯。所謂的烴基，是指含有十幾個碳原子的碳氫化合物，其化學結構和汽車燃料的石油非常相似，因此如果燃燒同樣重量單位的三酸甘油酯，會比燃燒蛋白質或醣類釋放出更大量的卡路里。三酸甘油酯在人體內，正是一種能量儲備物質。

　　人體中的脂質，有大約百分之九十五都是三酸甘油酯，由於在室溫下會形成固體，因此被歸類於脂肪。換句話說，存在於人體中的脂質幾乎全是脂肪。

　　三酸甘油酯由一個甘油分子與三個脂肪酸分子所組成，換句話說，脂肪酸的羧基（－COOH）和甘油的氫氧基（－OH）是透過人體內一種稱為脂酶的酵素進行化學反應，去掉一個水分子後產生酯鍵（－COOC），進而形成三酸甘油酯。

　　在**膽固醇**當中，有三個六邊形的碳環A、B、C以及一個五邊形的碳環D，並且從D碳環上會伸出一個由八個碳原子所組成、化學結構上呈鋸齒狀曲線的支鏈（參見右頁圖解b）。A到D的碳環會以其六邊形及五邊形的邊緊密地組合在一起，使得分子本身無法動彈，因此膽固醇可說是相當頑固的分子。

三個孩子的媽在超級馬拉松中獲得優勝

　　「超級馬拉松」指的是一種比馬拉松更遠的長距離耐力賽跑。二〇〇一年，美國加州舉辦了一場超級馬拉松比賽，由四十一歲的潘蕾德獲得優勝，她以二十七小時五十六分跑完兩百一十六公里全程，比第二名快了五小時以上。潘蕾德已經是三個小孩的媽媽，更令人驚訝的是，比賽隔天她還能像沒事般地在賽場惠特尼山上慢跑。在追求速度與力量的競賽上，女性或許無法和男性匹敵，但若換成以耐力為主的競賽，則已經有許多女性

三酸甘油酯和膽固醇的結構

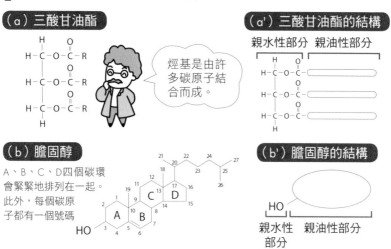

（a）三酸甘油酯

烴基是由許多碳原子結合而成。

（a'）三酸甘油酯的結構

親水性部分　親油性部分

（b）膽固醇

A、B、C、D四個碳環會緊緊地排列在一起。此外，每個碳原子都有一個號碼

（b'）膽固醇的結構

HO

親水性部分　親油性部分

甘油、脂肪酸與三酸甘油酯

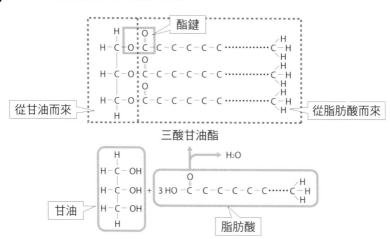

酯鍵

從甘油而來　　　從脂肪酸而來

三酸甘油酯

甘油　　脂肪酸

表現出比男性耀眼的成績，這是因為女性的體內的脂肪較多，就像是一種攜帶型的固態燃料。在速度競賽中，人體會利用醣類做為首要能量來源，不過隨著時間經過，就會開始利用脂肪做為首要能量來源，因此女性在耐力競賽的表現上會比男性具優勢。

2-13 容易熔化的脂肪酸與不易熔化的脂肪酸

碳原子數量增加，脂肪酸會由液體變固體

雖然同樣都是脂肪，但牛肉及豬肉的脂肪在舌頭上的觸感和味道，就是跟雞肉不一樣，這是因為牛肉和雞肉的脂肪特性不同的緣故。脂肪的性質是依據其組成成分的**脂肪酸**特性來決定，而脂肪酸的特性又取決於含碳數和雙鍵的數量與位置。

其中，含碳數又是影響脂肪酸特性的首要因素。隨著碳鏈連結得愈來愈長，脂肪酸的**熔點**（脂肪酸加熱後，開始由固體變成液體時的溫度）就會上升；換句話說，碳鏈愈長的脂肪酸就愈不容易熔化。舉例來說，脂肪酸當中一種由十個碳原子（C10）構成的癸酸，其熔點為攝氏三十二度，但另一種由十八個碳原子（C18）構成的硬脂酸，熔點則是攝氏七十度。因此，含有長碳鏈的脂肪酸在室溫下就會呈現不易熔化的固體。

脂肪酸依照碳鏈長短，可以分成短鏈、中鏈、長鏈三大類。含碳數在四到八之間的短鏈脂肪酸，在室溫下會呈現液體狀，像牛奶、優格、奶油、起士等奶製品中均有豐富的含量。

含碳數在九到十二之間的中鏈脂肪酸，在室溫下呈現固體狀，大量存在於椰子油中。含碳數在十三個以上的長鏈脂肪酸，在室溫下當然也是呈現固體狀，大量存在於動物的脂肪中。一般在三餐中攝取最多的，主要是來自動物、含碳數大約介於十六到十八之間的脂肪酸。

雙鍵增加，脂肪酸就會變成液體

決定脂肪酸特性的第二個重要因素，則是脂肪酸分子中所含的雙鍵數量。前頁圖解（a）畫出了兩種脂肪酸的化學結構，可有助於理解。目前為

🔷 飽和脂肪酸與不飽和脂肪酸（a）

飽和脂肪酸

$$R - C - C - C - C - C - OH$$

碳—碳單鍵

不飽和脂肪酸

$$R - C = C - C - C - C - OH$$

碳—碳雙鍵

🔷 不飽和脂肪酸與飽和脂肪酸的熔化難易度（b）

	含碳數	雙鍵數	熔點（攝氏）
硬脂酸	18	0	70
油酸	18	1	13
亞麻油酸	18	2	−5
次亞麻油酸	18	3	−16

🔷 飽和與不飽和脂肪酸（c）

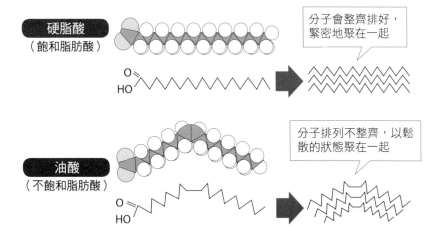

硬脂酸
（飽和脂肪酸）

分子會整齊排好，緊密地聚在一起

油酸
（不飽和脂肪酸）

分子排列不整齊，以鬆散的狀態聚在一起

止所介紹的脂肪酸，其中碳原子之間都是以單手連結形成**單鍵**，而這種脂肪酸稱為**飽和脂肪酸**。所謂的「飽和」，指的是脂肪酸「不能」再接受更多的氫原子。

另一方面，碳原子之間如果以雙手結合，就稱為**雙鍵**，而含有雙鍵的脂肪酸則稱為**不飽和脂肪酸**。所謂的「不飽和」，指的是脂肪酸「還能」再接受更多的氫原子。脂肪酸中每多一個碳－碳雙鍵，就可以再接受兩個氫原子，之後不飽和脂肪酸就會轉變為飽和脂肪酸。

即使脂肪酸分子的含碳數相同，但熔點還會因為雙鍵的數量發生變化，相關資料彙整在前一頁的圖解（b）中。完全不含雙鍵的硬脂酸熔點是攝氏七十度，但含有一個雙鍵的油酸熔點卻是攝氏十三度，也就是只是多了一個雙鍵，就讓脂肪酸的熔點下降了五十七度。

其次，含有兩個雙鍵的亞麻油酸，其熔點則是攝氏零下五度，甚至比水結成冰的溫度還低了五度。由此可知，雙鍵數量一增加，就會使脂肪酸的熔點急遽下降。

為什麼一旦雙鍵數增加，脂肪酸的熔點就會下降呢？這裡以硬脂酸分子和油酸分子為例，來想想造成這個現象的原因。

參見前頁圖解（c），可看到硬脂酸分子伸得直直的，讓大多數的分子可以很緊密地聚在一起，因此分子之間非常密實，形成不易熔化的硬脂酸（飽和脂肪酸）。然而，油酸分子當中因為含有雙鍵，讓分子無法伸直而捲成一團，分子之間無法緊密地聚集在一起，呈現鬆散的狀態，因此形成比較容易熔化的油酸（不飽和脂肪酸）。

2-14 對腦部心臟有益及有害的脂肪酸

魚類的脂肪酸可以預防心臟病

　　脂肪酸的熔點乍看似乎和人體健康毫無關聯，事實上卻息息相關。各種動物本身的體溫，關係著其體內能利用的脂肪酸種類，像牛或豬的體溫約攝氏三十九度，其體內脂肪大部分都屬於此溫度下呈液體的**飽和脂肪酸**。人體由於體溫為稍低的攝氏三十七度，若大量食用牛肉或豬肉脂肪，這些飽和脂肪酸便會凝固累積在血管中，使血液黏稠，導致血流緩滯，因此過度攝取肉類便容易罹患心臟病或腦中風。

　　相較之下，魚類大多生存在攝氏十到二十度的水裡，因此體內所儲藏的是此溫度下不會凝固、熔點較低的EPA（二十碳五烯酸）和DHA（二十二碳六烯酸）等**不飽和脂肪酸**。魚油進入人體後，會將血管中附著的飽和脂肪酸溶化並沖洗掉，就像幫血管大掃除，因此魚油有益健康。

　　一九八五年新英格蘭醫學雜誌上，有一篇關於魚類攝取量與心臟病發生機率的調查報告，內容追蹤了荷蘭聚特芬鎮八百五十二位居民二十年來的飲食生活，結果發現一天攝取魚類三十公克（相當於一星期吃兩次魚類料理）以上的人，心臟病的致死機率比起沒吃魚的人少了百分之五十以上。

　　雖然目前還不清楚詳細運作機制，但推測EPA及DHA不只會幫血管大掃除，還會與一種讓血液凝固的物質「凝血脂素」互相競爭並取而代之，使心臟病的發生率下降。

魚類和大豆讓頭腦變聰明

　　EPA及DHA也被認為有助頭腦聰明，原因有二。首先，人體內有一種

能促進腦部神經細胞生長的荷爾蒙，稱為**NGF**（神經生長因子），DHA便與這種荷爾蒙的「製造」有關。其次，研究結果發現死於阿茲海默症的患者，其腦部**海馬迴**（負責腦部資訊進出、決定記憶力好壞的部位）的DHA含量比一般人要少了許多。不僅如此，人類腦部有一道稱為「血腦屏障」的大門，可以辨識並只讓腦部所需物質通過，而DHA正是能順暢通過這道大門的物質之一。雖然EPA擁有跟DHA相同的效用，但卻不像DHA可輕易通過血腦屏障，因此一般認為EPA讓頭腦變好的效果不如DHA。

有一種稱為**α-次亞麻油酸**的脂肪酸，會在人體內代謝形成DHA或EPA。曾有實驗以小鼠來研究 α-次亞麻油酸對學習效果的影響，發現飼育過程吃了含 α-次亞麻油酸食物的小鼠，學習能力比沒吃的小鼠更強。在鯖魚、沙丁魚、秋刀魚等青魚類，還有國王鮭魚、鮪魚等魚類當中，DHA和EPA的含量都相當高；亞麻籽油、菜籽油、白菜、小松菜、菠菜、白蘿蔔等食物則含有豐富的 α-次亞麻油酸。若想讓頭腦變得更聰明，可以多吃這些蔬菜及青魚類。DHA、EPA、 α-次亞麻油酸都屬於**ω-3脂肪酸**（譯注：「ω」讀為「omega」），每一百公克食物中的 ω-3脂肪酸含量可參見右頁圖解列表。

海馬迴是對於記憶及學習最為重要的腦部器官，負責控制腦部資訊進出，並會製造一種稱為**乙醯膽鹼**的神經傳導物質，而釋放乙醯膽鹼的所有神經也都集中在此。乙醯膽鹼掌握著人類記憶與學習的關鍵，因此或許直接食用就能提升腦部工作效能；然而，乙醯膽鹼分子的內部帶有負電荷，無法通過腦部大門的「血腦屏障」，因此就算食用再多也無法進入腦部。於是，科學家便開始物色其他物質來取代直接食用乙醯膽鹼的方式，結果發現有一種稱為**卵磷脂**或磷脂醯膽鹼的脂質，在人體內代謝後會轉換成乙醯膽鹼，在麥芽、大豆、花生、小牛肝臟、羊肉、燕麥粉等食物中都大量含有。

對人體健康最不好的脂肪酸，是乳瑪琳中含量豐富的反式脂肪酸。乳瑪琳在製造過程中會在亞麻油酸等常溫下呈液態的不飽和脂肪酸裡添加

氫，再進行加工；當不飽和脂肪酸形成固體後，便會產生反式脂肪酸等副產物。許多免疫學的研究結果，已經確認人體會因為攝取反式脂肪酸而變得較易發生心臟病，因此應該盡量避免食用。

自古以來，日本老一輩的人便認為對心臟有益的食物，也會對頭腦有幫助，而EPA和DHP正好符合這個說法。

❖ 讓頭腦變聰明的ω-3脂肪酸

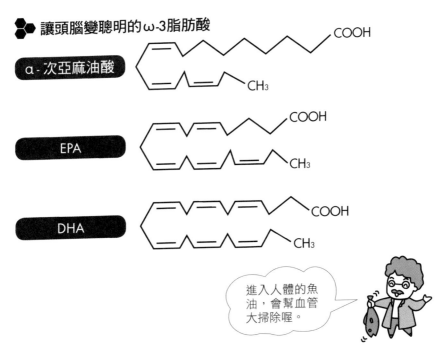

進入人體的魚油，會幫血管大掃除喔。

❖ 每一百公克可食部位的 ω-3 脂肪酸含量（單位：公克）

魚類	脂肪	DHA+EPA
鯖魚	13.9	2.5
國王鮭魚	10.4	1.4
條紋鱸	2.3	0.8
虹鱒	3.4	0.5
鮪魚	2.5	0.5
比目魚	2.3	0.4
鱈魚	0.7	0.3

植物油	α-次亞麻油酸
亞麻籽油	53.5
菜籽油	11.1
胡桃油	10.4
麥芽油	6.9
大豆油	6.8
玉米油	1.0
棉籽油	0.5

資料出處：美國農業部

維繫生命的物質——維生素

人體無法自行生產維生素

維生素的英文名稱「vitamin」含意為「維繫生命的物質」（拉丁文稱「生命」為「vita」），是人體新陳代謝的所需物質，但人體無法自行生產，為了維持身體健康，一定要從食物中攝取才行。

另一方面，屬於單細胞生物的大腸菌會自行生產維生素，不需要特地從外界攝取，因此只要在培養基中加入葡萄糖和幾種無機物，就能不斷繁殖。而高等動物則是在演化過程中，逐漸喪失了自行生產維生素的能力。

科學家到了二十世紀才發現維生素的存在，不過早在很久之前，人們就已經知道食物中含有一些很重要的未知物質，例如古希臘人會將肝臟汁液像眼藥水般注入**夜盲症（俗稱雀目）**患者的眼中，發揮治療的效果。

夜盲症是因為缺少**維生素A**，而肝臟中正好有豐富含量，因此用肝臟汁液來補充患者欠缺的維生素A就可以達到治療效果，這對熟知維生素的現代人來說一點也不稀奇。不過，古代人們並不清楚維生素的運作機制，因此肝臟汁液能治療夜盲症，對他們無異是一種奇蹟。

除此之外，如果超過三個星期以上沒有食用含**維生素C**的食物，就會罹患**壞血症**，出現肌肉痙攣、關節疼痛、食慾不振、暈眩、拉肚子、局部出血、皮膚損傷等症狀，還會因為皮膚的強度減弱而變得容易受傷，病原體就能趁機從傷口侵入體內，造成感染，導致患者最終死亡。

以前的士兵或水手，由於長時間無法吃到新鮮的水果或蔬菜，往往為壞血症所苦，甚至有許多人因此喪失了性命。

像是在一四九八年，葡萄牙的航海探險家瓦士哥‧**達伽馬**展開為期一年的航海行程，但原本船上一百六十位的船員，卻有超過九十六人（占百分之六十）在途中死於壞血症。

因維生素相關研究而頒發的諾貝爾獎

諾貝爾生理醫學獎		
1929年	艾克曼	腳氣病的研究
	霍普金斯	發現促進成長的維生素
1934年	邁諾特、墨菲、惠普爾	發現抗貧血症的肝臟療法
1937年	納基雷波特	研究維生素C在生物體內氧化過程中所扮演之角色
1943年	達姆、多伊西	發現維生素K
1953年	利普曼	發現輔酶A
1967年	沃爾德、哈特蘭、格拉尼特	有關視覺機制在化學及生理學上的發現
諾貝爾化學獎		
1928年	溫道斯	類固醇與維生素之研究
1937年	霍沃斯	人工合成維生素C
	卡勒	維生素A與類胡蘿蔔素之研究
1938年	庫恩	類胡蘿蔔素與維生素之研究

一五三五年，法國的航海探險家賈奎・**卡蒂埃**在調查加拿大魁北克市的時候，船員們開始出現壞血症的症狀。不過幸運的他們，接受了當地友善印地安人的建議，喝下了杉樹葉所熬煮的湯汁，因而免於壞血症之苦。

維生素的命名是按照英文字母順序而來

十九世紀就已經知道三大營養素是動物成長過程不可或缺的物質，不過直到一九〇六年荷蘭醫師克里斯蒂安・**艾克曼**提出「食物中含有神經炎的治療因子」後，才又進一步發現食物中的其他物質（當時還沒有維生素這個名稱），對動物的成長過程也發揮了相當重要的功用。

艾克曼的學說成了一個契機，讓當時開始興起對維生素的研究，首先打頭陣的便是**腳氣病**的病因追蹤。所謂的腳氣病，是一種會侵犯末梢神經的疾病，使病人的腳部發麻、知覺麻痺、出現水腫症狀、體重急遽下降，最終甚至會致死。一九一一年，出身波蘭的生化學家卡西米爾・**馮克**發現

了可以對抗腳氣病的物質，並將之稱為「抗腳氣病維生素」（之後更名為維生素B1）。

一九二六年，維生素B1和維生素C首度被純化出來。在此之後，科學界陸陸續續花了四十二年就純化出當初預測的十三種維生素，其中一九三七年純化出了維生素A，一九四八年則純化出維生素B12。

那麼，維生素的命名是怎麼來的呢？一九一二年，美國生化學家**麥克可倫**發表了一篇報告，認為在奶油和蛋黃當中含有小白鼠成長過程所必須的「營養素」，而這些「營養素」中包含了可以治療壞血症、夜盲症、腳氣病的化學成分。由於當時的技術無法純化出這些「營養素」，因此麥克可倫先將當中可溶於油中的稱為「A因子」，可溶於水中的則稱為「B因子」，也就是將維生素分為了兩大類。

過了七年後的一九一九年，英國生化學家杜倫蒙提出了維生素的命名原則，將A因子中治療夜盲症的成分命名維生素A，B因子中治療腳氣病的成分命名維生素B，而B因子中治療壞血症的成分則命名維生素C；之後發現的維生素，就以D、E、F……等英文字母順序來命名。

維生素中，維生素B2（一九三三年）和B6（一九三六年）要比維生素D（一九三二年）晚些時間才被純化出來，因為維生素B原被以為是單一種維生素，後來才發現當中包含了好幾個種類，因此又稱為維生素B群，其命名方式是在B後面加上數字來區分，但當中有些數字會跳過，某些是後來被發現並非維生素，有些則是重覆發現，所以刪除。

發現維生素B1的鈴木梅太郎

說到維生素的研究，不能不提日本明治時期的知名化學家**鈴木梅太郎**（一八七四～一九四三年）。一九〇一年，鈴木留學德國，接受柏林大學教授埃米爾・費雪的指導，從事蛋白質的研究。當時，他留意到了德國人高大骨架所構成的穩重身形。

與德國人相比，日本人的體格較為瘦弱。鈴木認為這是因為日本人偏好米食的緣故，因此在一九〇六年回到日本後，便持續關注營養問題，開

始研究起當時與日本國民健康相關的重大問題——腳氣病的病因。

自研究開始五年後的一九一〇年，鈴木終於成功地從米糠中純化出可以治療腳氣病的物質，並將之命名為抗腳氣病酸（後改名為**Oryzanin**）（譯注：即日後的維生素B1，Oryzanin是鈴木提煉出來的維生素B1商標名），於同年十二月十三日在東京化學學會的例行會議中以口頭發表，並在隔年二月以日文發表有關該研究的論文。

鈴木的研究成果解開了腳氣病的病因，在該領域中可說是劃時代的功績，也對日本社會造成相當大的震撼。儘管如此，當時日本的醫學界卻仍誤以為腳氣病是一種傳染病，而完全無視於鈴木在抗腳氣病酸上的研究。

日本當時陸軍和海軍之間有所嫌隙，其實也是造成鈴木的研究不被重視的原因之一。當時日本陸軍專門研究德國派醫學，海軍則研究英國派醫學，雖然英國已經知道腳氣病是一種營養不足所造成的疾病，但是日本陸軍因為與海軍立場相左，堅決不肯接受這個論點。而且德國派醫學向來以細菌學為中心，一直誤以為腳氣病是一種傳染病，對於有關營養不足的學說完全不予採信。

除此之外，馮克在一九一一年發現了幾乎相同的物質，將之命名為抗腳氣病維生素，並以英文發表研究論文，鈴木便就此失去了維生素B1第一發現者的頭銜。造成如此的敗因，在於鈴木是以日文發表相關研究成果，但學術論文要能在國際上流通，畢竟還是得以英文來發表才行。

話說回來，鈴木在維生素上的研究確實達到了世界一流的水準。之後，其研究結果獲得日本學界的認同，以「副營養素的研究」之研究題目獲得日本學士院獎及文化勳章。

除了在維生素的研究上有所重大貢獻外，鈴木也活躍於藥品的研究上。像是在第一次世界大戰時，國外藥品因戰爭被迫停止輸入日本，導致日本國內的藥品數量不足。就在此時，鈴木致力於合成出當時民眾不可或缺的藥品，像是梅毒特效藥洒爾佛散、鎮痛劑水楊酸等等，為日本民眾的健康做出了貢獻。

2-16 維生素分為水溶性和脂溶性兩類

和碳氫化合物相似的脂溶性維生素

目前發現的維生素共有十三種,當中又分為易溶於油的維生素(**脂溶性維生素**)與易溶於水的維生素(**水溶性維生素**)。脂溶性維生素中包括維生素A、D、E、K共四種,而水溶性維生素則包括維生素B1、B2(核黃素)、菸鹼酸、B6、B12、葉酸、泛酸、生物素(譯注:或稱為維生素B7、維生素H)、維生素C等九種。

「物以類聚」這句諺語道破了人類社會型態的樣貌,而在分子世界也有所謂「性質相近的物質容易互相溶解」的法則,因此由碳原子及氫原子組成的油脂,可以輕易溶解同樣擁有較多碳原子和氫原子的維生素A、D、E、K。本頁圖解可看到脂溶性維生素的化學結構。在脂溶性維生素的結構當中,擁有許多不易溶於水的碳原子和氫原子,而含有較少易溶於水的氧原子,至於最親於水的氮原子則是一個也沒有。換句話說,脂溶性維生素

❖ 脂溶性維生素的名字與化學結構

視黃醇(維生素 A)

生育酚(維生素 E)

鈣化醇(維生素 D)

維生素 K

脂溶性維生素的每日攝取量、生物體內的功用、攝取不足或過量的情況

	一日所需量(mg)	哪些食物中含量較多	生物體內的作用	攝取不足時	攝取過量時
維生素A	1.0(0.8)*	綠色蔬菜含維生素A原牛奶、奶油、起士、肝臟含視黃醇	●在視網膜上製造視紫素 ●強化上皮細胞 ●製造黏液細胞	●夜盲症 ●失明 ●免疫力下降	●頭痛 ●失眠症
維生素D	0.01(0.01)	鱈魚肝、蛋、奶製品	●促進骨骼發育 ●促進鈣質吸收	●骨骼發育不全 ●軟骨病 ●骨質疏鬆症	●噁心嘔吐 ●拉肚子 ●體重減輕
維生素E	10(8)	植物種子、綠色蔬菜、小麥胚芽油	●抗氧化劑 ●防止細胞膜受損	●貧血 ●不孕症	●幾乎沒有
維生素K	0.08(0.06)	綠色蔬菜早餐穀片、水果、肉類、肝臟含有少量	●凝固血液	●內出血 ●血液凝固障礙	●幾乎沒有 ●可能造成黃疸

*（）內的數值為女性所需量

軟骨病：骨骼在成長過程中無法進行最終的石灰化作用，一直停留在骨頭完成前的脆弱狀態，稱為軟骨症狀。此症狀若發生在嬰兒身上，就稱為軟骨病。

在結構上其實和碳氫化合物非常相似。

在生物體中，脂肪層是含有最多油脂的地方，因此脂溶性維生素比較喜歡皮下組織的脂肪層，而會大量聚集在此。累積在脂肪層中的脂溶性維生素由於不溶於水，所以不會隨著尿液排出體外，攝取過剩的部分會被生物體每天一點一滴地消耗掉，可說具有先行囤積的性質。

脂溶的特性有利有弊

對生物體而言，這種多吃多囤積的特性有利有弊。優點在於，脂溶性維生素會累積在體內，不需要每天都從三餐中攝取；但缺點則是一旦攝取過量，可能會因此出現不良影響。特別一提的是，目前已證實若維生素A和D攝取過量，就會造成人體發生功能性障礙，不過正常三餐的食物中並不會突然攝取到這種程度的量，不需特別擔心。但是，如果以營養補充劑的形來補充維生素A和D的人，就要小心不要攝取過量。

脂溶性維生素的一日所需量、哪些食物中含量較多、在生物體內的功用、攝取不足或過量時的症狀等相關資料，均整理在本頁圖解中。

2-17 新發現的維生素D功用

日照產生的維生素D可以預防癌症

　　腳和脊椎彎曲、站立時腳張開呈O字型——這是「軟骨病」的症狀。這種疾病最早在十七世紀的英國孩童中蔓延開來，因此在日本也戲稱為英國病。德國研究學者早在一八二四年就發現肝油具有預防和治療軟骨病的效果，但這種治療方法一直無法普及，因為當時的醫師還不知道食物中含有對維持人體健康非常重要的微量營養素。

　　後來，在人為實驗中亦發現以飲食使其罹患軟骨病的實驗大鼠，在照射日光浴或吃了肝油後就會痊癒。但直到過了近百年後的一九二二年，才終於找出皮膚和肝油中含有的重要因子，將之命名為**維生素D**。

　　之後，維生素D被普遍認為只是一種強化骨骼的營養素而已，到了最近才發現亦具有預防癌症及細菌感染（參見第154頁）等廣泛的功效。

　　此外新的研究結果指出，維生素D必須到達一定濃度才能發揮最大效果，但這個濃度卻遠遠高於多數人血液中的含量；而免疫學研究也顯示若維生素D含量稍稍不足，人就會比較容易生病。換句話說，大多數人其實都有維生素D不足的傾向，令人驚訝。

　　二○○七年，加州大學聖地牙哥分校（UCSD）賽德里克・葛蘭等人的研究團隊，在醫學期刊《類固醇生化學及分子生物學》發表了研究結果，表示攝取維生素D的女性，罹患乳癌的機率可能降低一半。

　　葛蘭等人按照血液中的維生素D濃度，將一千七百六十位女性分為五組，包含最低含量組（每毫升血液之維生素D含量在十三毫微克以下，即13 ng／mL）和最高含量組（約為52 ng／mL），然後研究每一組女性的乳癌罹患率，發現最低含量組罹患率最高，並且只要血中的維生素D濃度升高，

罹患乳癌的機率就會隨之下降。簡單來說，這個研究結果符合藥理學上的「劑量－效應關係」，證實血液中的維生素D濃度和乳癌罹患率這兩個因素之間，具有因果關係。

多攝取維生素D有益健康

二〇〇七年同大學愛德華·格漢姆等人的研究團隊，也在醫學期刊《美國預防醫學》發表其研究結果：人類攝取維生素D，可能讓大腸癌的罹患機率降低三分之二。這個研究也是先按照血液中的維生素D濃度，將一千四百四十八名受試者分成五組後，針對大腸癌罹患機率展開二十五年的追蹤調查，結果發現血液中維生素D濃度為34 ng/mL的受試者，罹患大腸癌的機率是百分之五十，而血液中的維生素D濃度為46 ng/mL的受試者，罹患率則下降為三分之一，確認了符合藥理學上的劑量－效應關係。

依據格漢姆博士，一般人血液中的維生素D濃度要想達到46 ng/mL，必須每天攝取兩千IU的量（IU為國際單位，以維生素D來說，一IU為〇·〇二五微克），或是露出半身做日光浴，白種人需曬十到十五分鐘，膚色較深者則需曬大約二十五分鐘。一般來說曬多了日光浴會造成皮膚受損，但若因此極端減少曬太陽的時間，反而有維生素D不足的危機。

美國和歐洲都將維生素D的一日所需量依年齡別訂在兩百到六百IU（即五到十五微克）之間，但美國哈佛大學公衛學者和其他研究者在調查許多臨床試驗資料後，認為這個數值明顯偏低，並主張人體血液中的維生素D濃度至少要在30 ng/mL以上，才能維持身體健康，因此認為每人一日至少要攝取一千IU的量。

順帶一提，日本將維生素D的一日所需量訂為四百IU（即十微克），遠比美國知名研究學者所建議的低了許多，現在或許正是重新進行評估的時候了（譯注：國內衛生署之維生素D每天建議攝取量為五至十微克，即二百～四百IU）。

水溶性維生素的化學結構和功用

無法儲存體內、性質脆弱的水溶性維生素

　　可溶於水的維生素稱為**水溶性維生素**，其中包括了維生素B1（硫胺素）、B2（核黃素）、菸鹼酸（少數時候會稱為維生素B3）、B6（吡哆醛）、B12（氰鈷胺素）、葉酸、泛酸、生物素（即維生素B7或維生素H）、維生素C（抗壞血酸）共九種。

　　右頁圖解為其化學結構，跟98頁的脂溶性維生素相比，差異便可一目了然。水溶性維生素的結構特徵，在於當中含有與水分子親近的構造，如氫氧基（－OH）、吡啶（將六邊形苯環其中一個碳原子換成氮原子的化合物）（譯注：苯環是由六個碳原子及六個氫原子組成的環狀化學結構）、嘧啶（將六邊形苯環其中兩個碳原子換成氮原子的化合物）等，並含較多親水性的氧原子和氮原子，至於疏水性的碳原子和氫原子則含量較少。水溶性維生素會溶於尿液中，很容易就會排出體外，因此即使一次大量地攝取也無法儲存在人體中。反過來說，就算攝取了過量的水溶性維生素，也很難察覺是否有副作用，而且就算有副作用也不成大問題。然而，水溶性維生素若攝取不足，就會立刻出現明顯的症狀。

　　由於水溶性維生素多吃也無法儲存在人體中，每天都應該要好好攝取。此外，水溶性維生素可說非常脆弱，無論將食物存放在冰箱中一段時

我們都要好好攝取水溶性維生素才行。

維生素B1　維生素C
維生素B2　生物素

🔷 水溶性維生素的名稱及化學結構

菸鹼酸（菸鹼醯胺）

硫胺素（維生素B1）

葉酸

生物素

抗壞血酸（維生素C）

吡哆醛（維生素B6）

核黃素（維生素B2）

泛酸

氰鈷胺素（維生素B12）

間，還是以烹煮燒烤等方式來料理，都會輕易破壞當中所含的水溶性維生素。根據美國研究，忙碌終日的商人和學生都有維生素B6、葉酸、核黃素、維生素C等水溶性維生素不足的傾向。

　　水溶性維生素的一日所需量、哪些食物中含量較多、在生物體內的功用、攝取不足或攝取過量時的症狀等資料，整理在下方圖表中。

❖ 水溶性維生素的每日攝取量、生物體內的功用、攝取不足或過量的情況

	一日所需量（mg）	哪些食物中含量較多	生物體內的作用	攝取不足時	攝取過量時
維生素B1（硫胺素）	1.5（1.1）*	豬肉、內臟	除去二氧化碳	●腳氣病 ●心臟病	無
維生素B2（核黃素）	1.7（1.3）	肝臟、酵母菌、蛋黃、胚芽	氧化還原作用	●口角炎 ●口內炎	無
菸鹼酸（B3）	19（15）	肝臟	氧化還原作用	●癩皮病	無
維生素B6（吡哆醛）	2.0（1.6）	肉類、蔬菜	●胺基的移動 ●胺基酸與肝醣的代謝	●焦躁不安 ●痙攣	無
維生素B12	0.002（0.002）	肉類、蛋、奶製品	●氧化還原作用 ●甲基的移動	●惡性貧血 ●神經障礙	無
葉酸	0.2（0.2）	酵母菌、肝臟、肉類、蛋黃	甲基的移動	●貧血 ●拉肚子 ●腸炎	無
生物素	0.03	蔬菜、肉類	●胺基酸與肝醣的代謝 ●脂肪的生產	●疲勞 ●憂鬱症 ●噁心嘔吐 ●肌肉疼痛	無
泛酸	4～7	廣布於各種食物中	輔酶A的構成成分	●疲勞 ●睡眠障礙 ●噁心嘔吐	無
維生素C	60	柑橘類、番茄、黃綠色蔬菜	●膠原蛋白的合成 ●氧化還原作用	●壞血症 ●皮膚、牙齒、血管功能衰退	無

* （ ）內的數值為女性所需量

口角炎：維生素B2不足所引起，細菌會在嘴巴周遭繁殖，而出現嘴唇兩端潰爛等症狀。
口內炎：因維生素B2不足所引發的疾病，會出現口中黏膜及軟組織發炎等症狀。
癩皮病：因菸鹼酸不足所引起，症狀為皮膚炎、拉肚子、神經受損造成之精神障礙。
壞血症：因缺乏維生素C所引起，症狀為貧血、衰弱、牙齦及皮膚等處出血。
腳氣病：因缺乏維生素B1所引起，會侵犯末梢神經，出現腳部沉重、知覺麻痺、水腫等症狀，嚴重時甚至會致死。

2-19 占人體百分之四的礦物質

占0.1%以上的主要礦物質

　　我們的身體是由大約六十兆個細胞所聚集構成，可謂數量龐大。這些細胞則是由蛋白質、脂肪、醣類等數種營養素所組合而成，而營養素的最小組成成分則是**原子**。目前在自然界中發現了大約一百多種原子，但是在人體細胞的製造上是否會廣泛使用各種原子，倒也不盡然如此。

　　人體中最常用到的原子種類，第一名是占了六十五％的氧原子，其次是占十八％的碳原子，而第三名是占十％的氫原子，第四名則是占三％的氮原子。光是這四種原子，就占了人體全身的九十六％。而這四種原子之外的人體其他原子，則被統稱為**礦物質**（無機物）。人體所利用到的礦物質種數雖然多，但含量僅僅只占人體所有原子的四％，屬於次要的營養素。如果將人體內的礦物質依照含量多寡來排列，則順序為：鈣（一‧八％）、磷（一％）、鉀（〇‧四％）、硫（〇‧三％）、鈉（〇‧二％）、氯（〇‧二％）、鎂（〇‧一％）。

　　這七種礦物質，在人體中至少都占了〇‧一％以上（以一個體重六十公斤的人為例，其含量為六十克），稱為**主要礦物質**。不過，就算是礦物質中含量最多的鈣，在人體中也不過只占了百分之一‧八（即一千一百公克），因此雖被稱為主要礦物質，但含量上還是不敵主要營養素。

主要礦物質的功用

　　主要礦物質在人體當中扮演著相當重要的角色。例如，**鈣原子**會和磷酸結合成**氫氧基磷灰石**$Ca_{10}(PO_4)_6(OH)_2$，形成骨骼或牙齒的堅固成分；鉀原子、鈉原子、鎂原子則會失去電子形成陽離子，在細胞內側及外側進

進出出，讓細胞產生電刺激。人類便是藉由某些神經細胞產生電刺激傳給鄰近的神經細胞，使得體內的訊息能夠互相傳遞，而得以生存。

除此之外，鎂原子是ATP的活化成分，而磷原子則是DNA、RNA及ATP的成分之一。至於硫原子，則是一種稱為半胱胺酸的胺基酸組成成分，而半胱胺酸又能構成蛋白質，因此硫原子也是一種不可或缺的礦物質。就像這樣，主要礦物質可說是正如其名，在人體內大大地活躍。

每種主要礦物質的一日所需攝取量約為一百毫克以上，因此建議應該積極地攝取富含礦物質的食物。

🔷 人體所含的礦物質

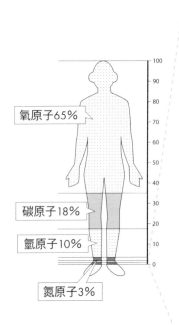

主要礦物質 （每天需攝取一百毫克以上）

原子		人體占比（％）	重量（公克g）
鈣	Ca	1.8	1100
磷	P	1.0	600
鉀	K	0.4	240
硫	S	0.3	180
鈉	Na	0.2	120
氯	Cl	0.2	120
鎂	Mg	0.1	60

次要礦物質

原子		人體占比（％）	重量（公克g）
鐵	Fe	0.004	2.4
鋅	Zn	0.002	1.2
硒	Se	0.0003	0.018
錳	Mn	0.0003	0.018
銅	Cu	0.0002	0.012
鉬	Mo	○	○
鈷	Co	○	○
砷	As	○	○
硼	B	○	○

* ○意指超微量　* 表列以體重六十公斤的人為例

氧原子65%

碳原子18%

氫原子10%

氮原子3%

2-20 次要礦物質的功效不可小看

礦物質是幫助酵素的名配角

好好攝取主要礦物質的重要性，應該已經不用再多說。但是，光靠這樣還無法維持人體的健康。在人體當中，主要礦物質以外的鐵、鋅、硒、錳、銅、鉬、鈷等金屬元素雖然含量極少，但人體卻不能沒有它們。這些含量少卻會發揮顯著效果的金屬元素，稱為**次要礦物質**。

要想知道次要礦物質為何重要，最快的方法就是先理解這些物質在人體內的功用。人體內有許多**酵素**，做為讓無數化學反應順利進行的**觸媒**；然而，就算是再怎麼屬害的酵素，如果沒有和次要礦物質互相結合，就無法發揮原本的活躍功效。也就是說，次要礦物質會和酵素這個人體化學反應的主角產生結合，幫助酵素發揮原本的能力，可說是相當重要的配角。

次要礦物質當中也包含了鐵原子，而運送氧氣的血紅蛋白及儲存氧氣的肌紅蛋白當中所含的鐵，則特別稱為**血質鐵**。血質鐵並非只是呆坐在這些巨大蛋白質之中，由於其本身具有捕捉或釋出氧氣的能力，因此讓血紅蛋白與肌紅蛋白能夠捕捉及釋出氧氣。簡單來說，人體中某些蛋白質或酵素運作重心的**活性部位**，正是由血質鐵負責控制。

除此之外，還有一種稱為**SOD**（超氧化物歧化酶）的酵素，能夠將**活性氧**這種會引發心肌梗塞、腦中風、癌症等疾病的猛烈毒物逐漸分解掉，對於人體相當重要。而次要礦物質之一的銅原子，便是會結合在SOD酵素的活性部位，達到分解活性氧的作用。

正因如此，如果體內的銅原子不足，SOD酵素就無法發揮原本的實力，體內的活性氧也無法被完全分解掉，殘留的活性氧便會和蛋白質、脂質、DNA等人體成分發生化學反應，對人體造成損傷。

多虧有次要礦物質在人體內發揮作用，才能讓人體內的化學反應順利進行。如果沒有次要礦物質，無法進行化學反應雖不至於造成重大影響，但人體也無法維持健康。就算名字看起來並不重要，但次要礦物質在人體內所扮演的角色，卻是其他物質所無法取代的。

至於有關人體究竟需要多少種礦物質的問題，目前已知的有二十四種，但是隨著測定微量物質的儀器性能不斷提升，可以預見這個數字還會繼續增加。

礦物質必須攝取平衡

由於礦物質只要攝取少量即會發揮功效，或許有人會以為要是攝取更大量的礦物質，就更能維持身體健康。不過，這是一個錯誤的觀念，如果人體內存在著大量的礦物質，反而會引發各種疾病，以下就介紹兩個例子。

第一個例子是次要礦物質中的**硒**，其功能是幫助一種稱為**穀胱甘肽過氧化酶**的酵素進行活性氧的分解。這是人體內必要的礦物質之一，如果含量不足，就會引發貧血。然而，如果體內存在著大量的硒，人不但不會變得更有精神，反而會使腸胃道及肺部的功能發生障礙。

第二個例子是主要礦物質中的**鈣**。為了製造強健的骨骼，鈣質可說是不可或缺的成分，但無論是在美國還是日本，這都是民眾普遍攝取不足的營養素之一，因此日本民眾經常服用鈣片等營養補充劑，來攝取不足的鈣質。

不過，武田生命科學研究中心**木村美惠子**等人的研究團隊，在一九九七年發表了關於鈣質攝取過量的研究結果，指出處於成長期的老鼠如果攝取過量的鈣質，反而會無法順利成長。研究團隊將出生三個星期的小老鼠分成四組，各組餵食飼料的鈣質含量分別為標準值、超出標準值兩倍、五倍以及十倍，結果發現吃了鈣質含量超出標準值五倍及十倍的小老鼠，骨骼不但沒有成長，連體重和身長也沒有長大。

那麼，如果人攝取了過多的鈣質，會發生什麼樣的症狀呢？雖然這是個眾人都好奇的問題，不過目前還沒有研究出鈣質攝取過多時會對人體造成什麼影響。

從上述的研究結果得到了一項重要的結論，就是營養素的攝取必須要維持平衡。不管是對健康再好的營養素，一下子攝取大量也非好事，最重要的是必須攝取適量有益健康的營養素，以維持體內含量的平衡。

🔷 礦物質是酵素的重要助手

金屬	元素符號	幫助酵素的例子	金屬的功用
鐵	Fe	血紅蛋白、肌紅蛋白	氧化／還原
銅	Cu	抗壞血酸氧化酶、 細胞色素C氧化酶、SOD	氧化／還原
鋅	Zn	醇脫氫酶	氧化／還原
錳	Mn	組胺酸去胺酶	移除胺基
鈷	Co	氰鈷胺素	氧化／還原、甲基的移動
鉬	Mo	黃嘌呤氧化酶	氧化／還原
釩	V	硝酸還原酶	氧化／還原
硒	Se	穀胱甘肽過氧化酶	分解活性氧

β胡蘿蔔素之謎

根據許多免疫學的研究結果，已經證實食用許多黃綠色蔬菜的實驗組，比起對照組較不容易罹患肺癌、胃癌、攝護腺癌、子宮頸癌等疾病。而黃綠色蔬菜中含有大量的β胡蘿蔔素，並且由目前研究結果也確切得知血液中β胡蘿蔔素濃度較高的人，罹患肺癌的風險比較低。

既然如此，大眾都在期待著如果直接攝取β胡蘿蔔素，應該就能夠預防癌症。為了證明是否確實如此，科學家在一九九〇年代針對芬蘭三萬名具有抽菸習慣的男性，進行五到八年的大規模臨床試驗，但結果卻與眾人的期待大相逕庭。

相較於服用安慰劑的對照組，每天攝取二十毫克β胡蘿蔔素的實驗組，其罹患肺癌的機率竟然高出了百分之十八。原本以為可以預防肺癌而服用的營養補充劑，反而讓肺癌的罹患率上升了。

這個現象該如何解釋呢？科學家研判，β胡蘿蔔素可能要維持在一定的濃度內，才能發揮預防癌症的效果，而營養補充劑超出了這個濃度。除此之外，也可能是因為食物中的β胡蘿蔔素與其他化學成分有「合作」的關係，使得抗癌功效得以發揮，但光靠β胡蘿蔔素單一成分的話，就無法建立這種合作效果。無論原因為何，目前唯一可以確定的是，「只要將一顆藥錠放入口中就可以預防癌症」這個眾人的夢想，暫時還無法達成，唯有多吃黃綠色蔬菜才是預防癌症的最佳方法。

第 3 章

生物體內的觸媒──
酵素和核糖核酸酵素

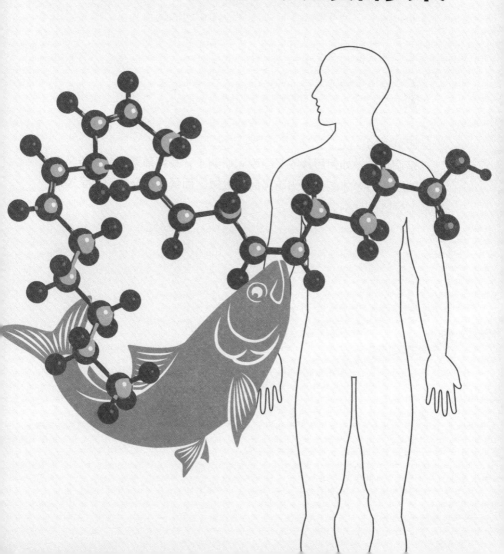

3-1 酵素的祕密

化學反應發生前必須越過的高山——活化能

就像水往低處流的原理，擁有高能量的分子（**反應物**）會經由化學反應產生低能量分子（**生成物**），並在過程中釋放能量。看起來釋放能量的化學反應似乎不需靠外界加熱即能自動發生，但事實上這和單純的水流現象並不同，若分子沒有獲得足夠能量，就不會輕易發生化學反應。例如葡萄糖的氧化是一種釋放能量的化學反應，不過在得到足夠的能量前，氧化反應絕對不會自動發生。

引發化學反應的所需能量稱為**活化能**，是分子要進行化學反應前不得不跨過的一道柵欄。可以想像有一顆山頂水溝中的石頭，若將石頭從水溝往外一推，它就會自然滾落山下；而活化能便相當於將石頭從水溝中推出去的那股力量。

一般若化學反應無法發生，可用提高周圍環境溫度的方式提供能量給分子，讓分子運動旺盛而引發化學反應。例如火柴點火的原理在於火柴前端塗有三硫化四磷（P_4S_3），只要摩擦就會產生高溫並和空氣中的氧氣發生化學反應，引起燃燒。如果生物細胞中發生這種產生高溫的化學反應，蛋白質就會改變立體結構而失去原本功用（**蛋白質的變性**），如此生物就會無法生存。因此，生物細胞中的酵素功用就是要使活化能這座高山變低，讓細胞內的化學反應能在普通溫度下順利發生，因此酵素對生物維持生存來說不可或缺。

酵素的工作效率會隨溫度、pH值（氫離子濃度）、鹽分濃度等而大大改變，例如人體中的酵素在約攝氏三十七度的中性環境（pH＝7）下表現最為活躍。不過，消化酵素中的胃蛋白酶是一個例外，在酸性環境下（約pH＝2）才能發揮最大的效能。

一般化學反應和酵素反應

化學反應必須被供給足夠的能量才能發生，而這個能量就稱為活化能。
由於酵素具有降低活化能的功用，生物學上重要的化學反應才得以在溫和穩定的環境條件下順利進行。

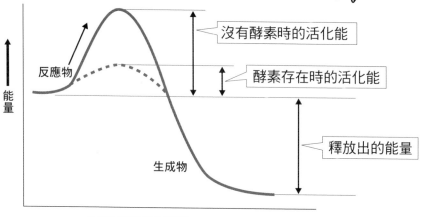

酵素可讓活化能這座高山變低

那麼，酵素究竟是如何讓活化能下降呢？在酵素表面上有一些稱為**活性部位**的凹陷處，作用是捕捉基質（譯注：與酵素發生反應的物質）。當酵素與基質相互接觸時，基質能剛好卡進酵素呈凹陷狀的活性部位，形成兩者接合在一起的複合狀態（稱為**ES複合體**）。在溶液中，基質會以最穩定的化學形式（即最低的能量狀態）存在；不過週遭環境中是否存在酵素，又會使基質的化學形式出現很大的差別，這正是活化能降低的關鍵所在。基質在與酵素結合的ES複合體狀態時，會因為被迫處於不合理的化學形式，使得當中的特定鍵結出現延伸或彎曲的扭曲，變得容易切斷而易於發生化學反應。

和酵素發生反應的基質，就好比橡皮筋被拉得筆直時，會比放鬆時更容易被剪刀剪斷，因此加入酵素的化學反應跟沒有酵素的化學反應相比，活化能會大幅下降，讓基質輕鬆跨過變矮的活化能山丘，順利發生化學反應製造生成物。

本頁圖解是兩個基質（A和B）結合在一起的酵素反應示意圖。首先，兩個基質會與酵素的活性部位結合形成「ES複合體」，接著製造出生成物（A-B），然後酵素便會離開。由此可知化學反應前後，酵素都完全不會消耗減少。當酵素恢復自由身後，會再次以活性部位捕捉基質（A和B），繼續進行下一次反應。

不同種類的酵素只會促進特定的化學反應，而且幾乎都只針對特定的基質產生反應，這個現象稱為**基質特異性**，也因此酵素的命名大多是在目標基質的名稱字尾加上「酶」（～ase）字。例如**蔗糖酶**（sucrase）會分解蔗糖（sucrose）、**脂酶**（lipase）會分解脂質（lipid）、**肽酶**（peptidase）會分解多肽（polypeptide，即蛋白質）、**核酸酶**（nuclease）則會分解核酸（nucleic acid）。

酵素的工作機制

基質A和基質B會與酵素的活性部位結合，而變得容易發生化學反應。接著兩個基質會結合出生成物。

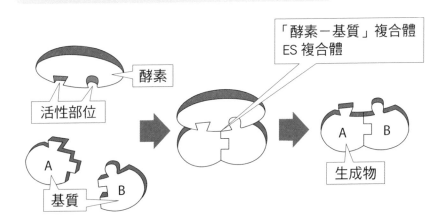

「酵素－基質」複合體
ES 複合體

酵素

活性部位

基質

生成物

3-2 酵素分為六個種類

酵素的命名及分類方式

目前為止，已經有高達數千種的酵素被發現。國際生物化學暨分子生物聯合會依酵素的功能，將它們分為以下六大類：

一、**氧化還原酶**扮演著基質氧化或還原反應中的觸媒角色。這類酵素的代表有醇脫氫酶，會搶走乙醇中的一個氫原子，使其氧化成乙醛，並將搶走的氫原子交給輔酶「NAD」（菸鹼醯胺腺嘌呤二核苷酸）。

二、**轉移酶**的作用是從分子當中將特定的官能基移轉到另一個分子上。這類酵素的代表有葡萄糖激酶，會從ATP分子中拿走一個磷酸基，將它接在葡萄糖的六號碳原子上。葡萄糖分子中共有五個氫氧基（—OH），但葡萄糖激酶只會鎖定六號碳原子的氫氧基，讓磷酸分子與其鍵結，這就是酵素的特殊之處。

三、**水解酶**會在反應中加入水分子來切斷基質的鍵結。這類酵素的代表有肽酶，作用是從多肽尾端切斷胜肽鍵，以分離出胺基酸。此外，能夠分解澱粉的澱粉酶、以及能將脂質分解成甘油與脂肪酸的脂酶，也都屬於水解酶的一種。

四、**解離酶**會從分子當中除去或者添加上特定的官能基。例如，丙酮酸羧化酶會除去丙酮酸分子當中的二氧化碳，而生成乙醛。

五、**異構酶**會將異構物轉換成其他的異構物，這類酵素的代表有丁烯二酸異構酶，其作用是將順丁烯二酸轉換成反丁烯二酸。所謂的**異構物**，指的是彼此擁有完全相同的原子種類（如碳、氧、氫等）及數量，但各自原子在空間配置上相異的分子。例如順丁烯二酸分子中的兩個氫原子是處在雙鍵的同一側（稱為**順式結構**），而反丁烯二酸分子中的兩個氫原子則

分別處在雙鍵的不同側（稱為**反式結構**）。

六、**連結酶**的作用是利用ATP分子的高能量讓兩個分子鍵結在一起。這類酵素的代表有羧化酶，能夠讓丙酮酸與二氧化碳結合生成草醋酸。

❖ 酵素分為六大類（依據國際生物化學暨分子生物聯合會的建議）

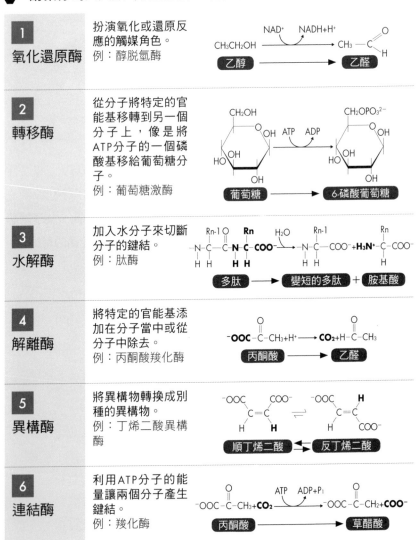

1 氧化還原酶	扮演氧化或還原反應的觸媒角色。 例：醇脫氫酶	
2 轉移酶	從分子將特定的官能基移轉到另一個分子上，像是將ATP分子的一個磷酸基移給葡萄糖分子。 例：葡萄糖激酶	
3 水解酶	加入水分子來切斷分子的鍵結。 例：肽酶	
4 解離酶	將特定的官能基添加在分子當中或從分子中除去。 例：丙酮酸羧化酶	
5 異構酶	將異構物轉換成別種的異構物。 例：丁烯二酸異構酶	
6 連結酶	利用ATP分子的能量讓兩個分子產生鍵結。 例：羧化酶	

3-3 需要蛋白質以外成分的酵素

某些酵素需要輔因子

　　酵素存在於所有生物體當中，能夠發揮觸媒的功用，作用在特定的物質上使其化學反應能順利進行。我們之所以能維持健康的生活，都是多虧了酵素在體內的幫忙。不過，有時候光靠實力堅強的酵素，還仍然無法讓化學反應加速到百萬倍以上。就像人類社會需要所謂的團隊合作一樣，某些酵素要能夠發揮作用，除了其本身的蛋白質成分之外，還需要有一些稱為輔因子的非蛋白質成分才行。

　　一部電影要能夠打動人心，如何用演技詮釋出笨拙的配角角色來襯托出主角的活躍，可說是相當重要的關鍵。酵素的情形也是如此，為了讓酵素這個主角將實力發揮到淋漓盡致，絕對少不了**輔因子**這個配角的幫忙。

　　在這類型需要輔因子的酵素當中，蛋白質的成分稱為**脫輔基酶**。脫輔

❧ 需要輔因子的酵素樣貌

輔因子（金屬離子）

基質

脫輔基酶

活性部位

輔因子（輔酶）

全酶

大多數的酵素必須要和金屬離子或輔酶合作，才能發揮原本的功效。

基酶本身雖然是酵素，但卻不具活性；不過一旦與輔因子結合後，就會產生活性。而像這樣由脫輔基酶和輔因子結合後產生作用的物質，則稱為**全酶**。如果全酶在水中以透析技術處理，就會造成輔因子分離，而變回沒有活性的脫輔基酶。不過，此時只要再重新加入輔因子，酵素又會回復原來的活性。由此可知，輔因子和酵素之間的鍵結力量非常地微弱。

若再進一步細看輔因子的特性，則又分為有機物和無機物兩大種類，有機物指的是輔酶，而無機物則是指金屬離子。大部分輔因子和酵素之間的鍵結力量都很微弱，但也有少數稱為**輔基**的有機物能夠和酵素緊密結合，其中最具代表性的就是會和血紅蛋白或肌紅蛋白產生鍵結的血質鐵。

輔酶是由維生素所構成的，因此人類若缺少了維生素便無法生存。除此之外，還有許多的酵素需要有金屬離子（礦物質）做為輔因子，才能在人體內正常運作，例如代謝酒精的醇脫氫酶需要鋅離子、細胞色素C氧化酶需要銅離子、穀胱甘肽過氧化酶需要硒等等。

❖❖ 全酶是由脫輔基酶和輔因子所構成的

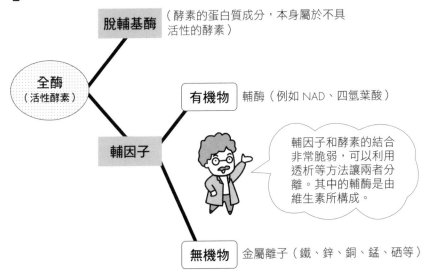

脫輔基酶（酵素的蛋白質成分，本身屬於不具活性的酵素）

全酶（活性酵素）

有機物 輔酶（例如 NAD、四氫葉酸）

輔因子

輔因子和酵素的結合非常脆弱，可以利用透析等方法讓兩者分離。其中的輔酶是由維生素所構成。

無機物 金屬離子（鐵、鋅、銅、錳、硒等）

3-4 RNA也能扮演生物體的觸媒角色

核糖核酸水解酶P的真面目其實是RNA

前述所介紹都是關於酵素蛋白質如何扮演生物體內的觸媒角色。一九七○年代末期前，科學家原本堅信所有生化反應都是透過蛋白質才能順利進行；不過，生化學不愧是一門充滿驚奇的學問，一九八三年發現了一種特別的RNA分子，和酵素蛋白質一樣具有觸媒功用，完全顛覆過去的學界常識。

能夠發現RNA具有觸媒的功用，最初的契機在於一種稱為**核糖核酸水解酶P**的酵素相關研究，其擔任觸媒角色所對應的反應物，是鏈結得長長的未成熟RNA分子（全長一百二十三個鹼基），化學反應進行時會將RNA當不需要的部分切斷（長度為四十三個鹼基），製造出成熟的tRNA（又稱

◆◆ 核糖核酸水解酶P的功用

被核糖核酸水解酶P切斷的部分（長度有43個鹼基）

核糖核酸水解酶P發揮觸媒的功效，從尚未成熟的RNA（全長123個鹼基）製造出成熟的tRNA（全長80個鹼基）。

tRNA

「轉移RNA」，全長八十個鹼基，作用是捕捉胺基酸分子運送到蛋白質製造工廠的核糖體）。過去相信具活性的核糖核酸水解酶P是由蛋白質和RNA輔因子兩種成分所構成，其中蛋白質正是酵素的活性部位；然而一九八三年，美國耶魯大學席尼‧**奧特曼**的研究團隊在學術期刊上發表了驚人的事實，原來核糖核酸水解酶P的活性部位其實是RNA分子。

核糖核酸水解酶P有三點特徵。第一點，其蛋白質成分完全不具酵素功能；第二點，具有酵素功能的是成分中的RNA部分；第三點，只要有大量的鎂離子、或是有鎂離子及一種稱為精胺的生物鹼，其RNA成分就有能力切斷尚未成熟的RNA分子。

核糖核酸酵素是具有催化作用的RNA

同一時間，美國科羅拉多大學波德分校的湯瑪士‧**切克**等人的研究團隊，也發現了RNA分子還能催化其他不同的化學反應。在一種稱為眼原蟲的原生動物身上，其rRNA（稱為核糖體RNA，為核糖體組成成分）會引發一種稱為**RNA剪接**的化學反應，在剛由DNA轉錄而成、尚未成熟的長長mRNA分子上，除去細胞生產蛋白質時不需要的隱子部分，以製造出成熟的mRNA（稱為訊息RNA，作用是指揮蛋白質生成）。當時切克等人的研究議題，就是找出RNA剪接需要哪些酵素蛋白質的協助。

而最後的研究結果讓他們大感意外，RNA剪接這種化學反應只要加入GTP分子（三磷酸鳥苷），就不需要酵素蛋白質而能自動進行。意即尚未成熟的mRNA在沒有酵素蛋白質的情況下，就能自動將其分子中不需要的部分切除掉（稱為**自剪接**），接著再將所需的各個顯子（RNA分子，指揮蛋白質的胺基酸序列）連接起來，成為成熟的mRNA分子。切克把將這種具有催化功能的RNA分子命名為**核糖核酸酵素**（ribozyme），這個字是由「核糖核酸（ribonucleic acid）」和「酵素（enzyme）」合在一起所形成。

核糖核酸水解酶P及RNA隱子自剪接等研究，打破了長久以來認為酵素就一定是蛋白質的生化學常識，而奧特曼和切克兩人也獲得了一九八九年的諾貝爾化學獎。

構成人體的物質及功用

透過自剪接反應，尚未成熟的RNA分子靠自己來切斷自己，製造出成熟的RNA分子。

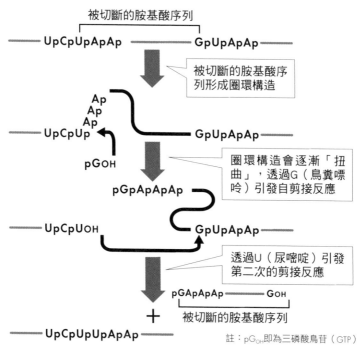

被切斷的胺基酸序列

——UpCpUpApAp—— GpUpApAp——

被切斷的胺基酸序列形成圈環構造

Ap
Ap
Ap
——UpCpUp— GpUpApAp——

pGOH

圈環構造會逐漸「扭曲」，透過G（鳥糞嘌呤）引發自剪接反應

pGpApApAp

——UpCpUOH GpUpApAp——

透過U（尿嘧啶）引發第二次的剪接反應

pGApApAp —— GOH

被切斷的胺基酸序列

＋

——UpCpUpUpApAp——

註：pGOH即為三磷酸鳥苷（GTP）

在試管中加入rRNA和GTP後，就會引發兩次剪接反應，製造出成熟的mRNA。只要有GTP存在，即使沒有蛋白質依然能引發RNA剪接。在第一次剪接反應中，添加的GTP會與顯子和隱子的鹼基以氫鍵結合，接著再切斷鹼基的磷酸雙酯鍵。在第二次的剪接反應中，U（尿嘧啶）則會切斷G（鳥糞嘌呤）的磷酸雙酯鍵。

3-5 RNA 具酵素功能的突破性發現歷程

發現RNA具催化作用的經過

核糖核酸水解酶P的觸媒活性是在RNA部分而非蛋白質，這個重大發現其實是由美國耶魯大學生物學研究所的研究生班‧史塔克所提出。史塔克的指導教授正是**奧特曼**，他讓史塔克以研究**核糖核酸水解酶P**為博士論文題目，因此史塔克從一九七三年起就不斷試著分離純化出大腸菌的核糖核酸水解酶P。

他利用一種稱為管柱層析的分離技術得到具核糖核酸水解酶P活性的混合物，再以膠體電泳技術將混合物按分子大小分離出成分來，結果膠片上出現了蛋白質與RNA成分（但當時他以為這也是蛋白質）。史塔克在膠片上添加了一般用量的考馬斯亮藍染劑，卻無法將上面的物質順利染色，直到添加大量染劑後才看得到色帶（一群分子大小幾乎相同的聚合物經染色後由透明變得可見，稱為色帶）的出現（C色帶）。史塔克認為這些蛋白質不易被染色，應該是當中含有許多負電荷，會和鹼性的考馬斯亮藍染劑互相排斥，因此特意再添加了一種不帶負電荷而呈酸性的色素「亞甲藍」，於是膠片上又出現另一條鮮艷的M色帶。

史塔克發現聚集在C色帶的物質不具催化作用，不斷進行實驗後，推論是聚集在M色帶的物質才具有酵素的觸媒功能，而且這些物質相當像是RNA分子，而非蛋白質。為了證明這一點，他將M色帶的物質以RNA分解酶處理過，並再進行一次膠體電泳，結果膠片上的M色帶消失了，他便因此確認這個可被RNA分解酶分解掉的物質，的確是RNA。

一九七五年的秋天，史塔克成功完成以上的實驗，然而在當時一九七五到一九七六年的環境，如果提出這個發現是很危險的做法反而會招來危機，因為仍堅信「酵素的成分就是蛋白質」，具權威性的教科書也

證明「核糖核酸水解酶P的成分為RNA」之實驗步驟

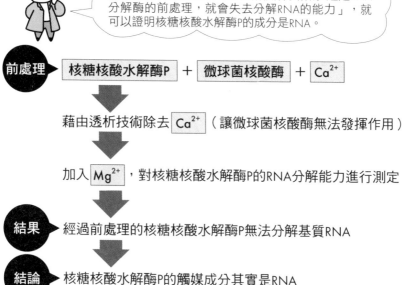

只要透過實驗證實「一旦核糖核酸水解酶P經過RNA分解酶的前處理，就會失去分解RNA的能力」，就可以證明核糖核酸水解酶P的成分是RNA。

前處理 ➤ 核糖核酸水解酶P ＋ 微球菌核酸酶 ＋ Ca^{2+}

藉由透析技術除去 Ca^{2+} （讓微球菌核酸酶無法發揮作用）

加入 Mg^{2+} ，對核糖核酸水解酶P的RNA分解能力進行測定

結果 ➤ 經過前處理的核糖核酸水解酶P無法分解基質RNA

結論 ➤ 核糖核酸水解酶P的觸媒成分其實是RNA

是如此載明。如果突然提出「酵素說不定是RNA」這種說法，反而會讓教授覺得「這個學生的生化基礎不夠扎實」，而替自己留下壞印象。

克服一籌莫展的窘境

不過，史塔克還是將這個想法告訴了指導教授奧特曼。不出所料，奧特曼並沒有認真看待這個主張，他只覺得史塔克是個很努力卻無法順利完成博士論文的可憐年輕人。但史塔克仍不放棄，執拗地跟其他研究生繼續討論這個想法，於是某個同學建議他請所上舉辦研習會讓他提出自己的主張。史塔克照辦了，不過他的主張在研習會上依舊被嗤之以鼻，還被眾人質問要如何證明RNA觸媒說的理論。

史塔克回答道，只要能透過實驗證實「核糖核酸水解酶P經**RNA分解酶**

處理後，會失去分解RNA的催化能力」，就可以證明其成分中具酵素功能的是RNA。換句話說，他打算先將核糖核酸水解酶P以RNA分解酶T1進行前處理，再透過膠體過濾技術除去實驗物質中分子量較小的RNA分解酶T1，然後加入基質RNA。若基質RNA沒被分解掉，就表示核糖核酸水解酶P已被RNA分解酶破壞而失去酵素活性。

然而，RNA分解酶T1的活性非常強，即使只存在一點點的量都會將RNA分解精光，不克服這點的話，就無法真正測定核糖核酸水解酶P的活性狀況。為此史塔克在研習會中可說陷入了一籌莫展的絕境。

此時一位彼得·羅教授提供的資訊幫了史塔克一把。有一種從金黃色葡萄球菌分離出來的**微球菌核酸酶**，只要環境中存在著鈣離子Ca^{2+}，就具有分解基質RNA的能力，若將實驗裡的RNA分解酶T1換成微球菌核酸酶，就能不影響實驗結果，公正判斷史塔克的主張是否正確。史塔克於是立刻著手規劃。其實驗計畫如下：首先將核糖核酸水解酶P以微球菌核酸酶和Ca^{2+}進行前處理，再藉由透析技術除去Ca^{2+}，接著將處理過的核糖核酸水解酶P加入鎂離子Mg^{2+}後，再測定其RNA分解能力。這樣一來，即使實驗後段還混有一些微球菌核酸酶，但因為已將Ca^{2+}去除，所以微球菌核酸酶不具觸媒功用，便不會對實驗造成影響。

總算證實RNA也具催化能力

一九七六年十月，史塔克終於將實驗計畫付諸行動，也證實只要核糖核酸水解酶P經過微球菌核酸酶的前處理，就會失去分解基質RNA的能力。奧特曼十分不悅，這等於讓一個研究生公開證實自己判斷錯誤。然而由於實驗結果具有再現性（即每次實驗都能得到相同結果），奧特曼也逐漸相信了這個主張。於是，史塔克就此證實了RNA具有催化能力，他的第一篇論文以此為題，在一九七八年刊載在權威性學術期刊《美國國家科學研究院學報》上。

史塔克的苦戰就此畫下休止符，此後他成為美國伊利諾理工大學的生物學教授，忙碌地貢獻於教育和研究活動。

第 **4** 章
人類生存的祕密

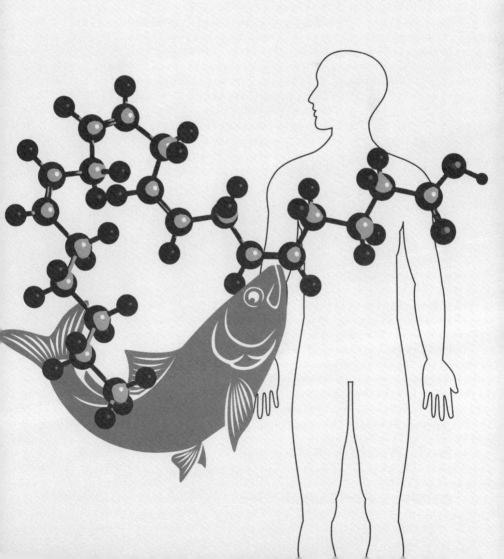

4-1 人類透過呼吸代謝而活

為什麼人類要呼吸

　　人活著必須呼吸，這是一個人活著的證據。氧氣對人類絕對不可或缺，為什麼呢？首先，人體透過呼吸從大氣中得到氧氣，再利用氧將營養成分逐漸氧化，直到最後分解成二氧化碳。如此人體就可以最有效地獲得營養成分中所儲存的能量而存活下去。如果沒有了氧，人體就無法充分善用儲存在營養成分中的能量，無氧狀態下最多只能存活五分鐘，由此可知能量不足有多麼嚴重。

　　利用氧氣從營養成分中有效獲得能量的機制，稱為**呼吸代謝**。換句話說，從食物中攝取的營養成分，在經過數十種化學反應後，最後會被分解成二氧化碳和水。呼吸代謝是相當大規模的運作系統，為人體細胞中代謝過程的重心。此外，人體為了製造蛋白質、核酸等構成細胞的生化聚合物，必須收集和調度如胺基酸、脂質、醣類、核酸等所需材料，而這些過程也是從呼吸代謝開始進行。再者，人體不再需要的或已經完成任務的生化聚合物，會被分解成原來的小材料（即單體），並再回到呼吸代謝中，逐漸被氧化並分解成二氧化碳與水。

糖解作用、TCA循環、電子傳遞鏈

　　呼吸代謝是由糖解作用、TCA循環及電子傳遞鏈三個系統所構成（參見右頁圖解），糖解作用發生在細胞的粒線體外面，TCA循環及電子傳遞鏈則發生在粒線體裡。糖解作用是指含六個碳原子的葡萄糖在無氧狀態下，會代謝成兩個含三個碳原子的丙酮酸。一般丙酮酸在無氧狀態下會轉換成乙醇和乳酸，如此就像是人體內發生了**發酵反應**。不過當人體內存在豐富的氧時，這樣的發酵反應就不會發生，丙酮酸會直接進入發生在粒線體內

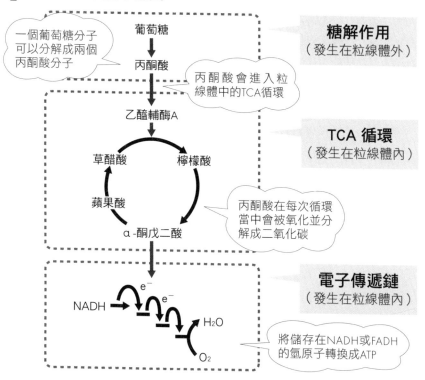

人體呼吸代謝示意圖

一個葡萄糖分子可以分解成兩個丙酮酸分子

葡萄糖

丙酮酸

糖解作用
（發生在粒線體外）

丙酮酸會進入粒線體中的TCA循環

乙醯輔酶A

草醋酸　檸檬酸

蘋果酸

α-酮戊二酸

TCA 循環
（發生在粒線體內）

丙酮酸在每次循環當中會被氧化並分解成二氧化碳

e^-

NADH　e^-　H_2O

O_2

電子傳遞鏈
（發生在粒線體內）

將儲存在NADH或FADH的氫原子轉換成ATP

的TCA循環。

　　TCA循環又稱為「**檸檬酸循環**」，或者是以發現者為名的「**克氏循環**」。「**TCA**」是「三羧酸」的簡稱，因為循環過程中會產生含三個羧基的**檸檬酸**，所以有此稱呼。

　　糖解作用的最終產物**丙酮酸**（$CH_3COCOOH$）進入TCA循環後，每循環一次就會逐漸氧化並分解成二氧化碳。不過，從二氧化碳（CO_2）的成分來看的話，當中並不含有丙酮酸所含的四個氫原子（H），也就是說，「氫原子」會在TCA循環中被釋放出來。

　　這裡要特別注意的是，「一個葡萄糖分子可以製造出兩個丙酮酸分子」，這件事意味著一個葡萄糖分子會讓TCA循環發生兩次。TCA循環的

目的，是要透過丙酮酸的氧化以釋放出大量的氫原子。之後，這些在TCA循環中產生的大量氫原子、以及在糖解作用中產生的少量氫原子，會以輔酶NADH（菸鹼醯胺腺嘌呤二核苷酸的還原態）或FADH（黃素腺嘌呤二核苷酸的還原態）等型態被儲存起來。

　　跟其他種類的原子相比，氫原子是由一個質子和一個電子所構成的，因此特別容易釋放出電子，是非常好的電子供應源。人體會將從營養素中獲得的氫原子儲存在NADH或FADH中，之後粒線體再利用NADH和FADH中的氫原子將能量轉換成ATP，這個機制就是呼吸代謝的最後一道程序——**電子傳遞鏈**，或稱為**呼吸鏈**。在粒線體中，氫原子所釋放出的電子會在不同酵素之間傳遞，最後位於電子傳遞鏈末端的細胞色素氧化酶會將電子傳遞給氧原子，如此一來氧原子一共會接收到四個電子，而還原成水，電子傳遞也在此結束。

糖尿病會引發阿茲海默症！

　　全世界的糖尿病患者正在急速增加中，而最近科學家對糖尿病的了解又有新的發現。日本九州大學的清原裕團隊，針對福岡縣久山町的八百位居民進行為期十五年的追蹤調查，發現糖尿病患者或其高危險群者，罹患阿茲海默症的機率比起一般人居然高出了四‧六倍之多。

　　糖尿病是一種胰島素分泌不足，造成血糖降不下來的疾病，而阿茲海默症則是腦部被破壞而引發癡呆的病症，兩者之間乍看似乎沒有什麼關聯。

　　不過，阿茲海默症一般認為是由於腦中有一種類澱粉蛋白的形狀發生異常並大量累積所引發，患者體內似乎存在著某種物質會促使類澱粉蛋白大量累積，而且這種物質能夠被負責分解胰島素的酵素所破壞。也就是說，由於胰島素分泌不足的人，體內的胰島素分解酶也比較少，這大致可以解釋為什麼糖尿病患者的阿茲海默症發病風險會比較高。

4-2 氧氣其實是有毒物質

產自氧氣的超氧化物是超級毒物

地球上的氧氣從距今約二十億年前開始增加，到了大約五億年前，空氣中的氧氣占比達到與現在相同的百分之二十。在此之前，原本生物一直生活在沒有氧氣的環境中而有厭氧特性，但為了適應環境的變化，某些生物開始逐漸演化成能夠忍受氧氣這種有毒物質。此外，有些沒有演化的生物則遷徙到沒有氧氣的地方，在那裡默默生存下去。至於沒有演化又不遷徙的生物，則因無法順利適應環境的變化而滅絕。

在這些生物中，有些獲得了化解氧氣毒性的生理機制，反過來利用氧氣這種毒物取得了物競天擇的優勢地位，讓物種本身的演化大為躍進，而人類正是這些強韌物種的後代子孫。氧氣之所以對生物有毒，是因為很容易獲得一個電子而形成**超氧化物自由基**（本書中簡稱**超氧化物**）。超氧化物的氧化能力相當強，會跟生物體內的蛋白質或DNA產生化學反應使其損傷，而DNA若受到損害，便會成為引發癌症的導火線。此外在分子層級的研究上，目前也逐漸確認人體老化的主要原因之一，可能是來自於超氧化物讓細胞或DNA所受到的損傷。

為了讓有毒的超氧化物轉變成無毒的物質，人體中存在著一種稱為SOD（超氧化物歧化酶）的酵素，能夠將超氧化物分解成氧氣及過氧化氫。然而，過氧化氫雖然毒性不像超氧化物那麼高，但畢竟也是一種有毒物質，因此還需要再經由過氧化氫酶或過氧化酶將之分解成水和氧氣，才會形成完全無毒的產物。

氧氣的益處

　　氧氣對生物的確是一種有毒物質，但其存在亦有所益處，可以幫助生物體有效利用營養素內含的潛在能量。這裡就來計算一下生物體在有氧和無氧的環境下，分別能從一莫耳的葡萄糖（如果將分子量以公克數來表示，一莫耳的葡萄糖就是一百八十克）獲得多少ATP分子，如此就能明確知道氧的益處何在。

　　首先看的是有氧的情形。生物體透過呼吸代謝反應所獲得的ATP分子數量為：從糖解作用中可生成兩個、TCA循環也是兩個、電子傳遞鏈為三十四個，總計可以從一莫耳的葡萄糖分子得到三十八個ATP分子。一個ATP分子的能量大約為七大卡，因此生物體藉由呼吸代謝一共可獲得$7×38＝266$大卡的儲存能量。若將一莫耳的葡萄糖分子完全燃燒成二氧化碳和水，這當中所釋放的能量大約為六百八十六大卡。由此推算，藉由呼吸代謝從葡萄糖生成ATP的能量生產效率，應該有$266／686＝38.8\%$。

　　另一方面，在無氧的**發酵反應**中，一莫耳的葡萄糖在生成乙醇和乳酸時會產生兩個ATP，因此生物所獲得的儲存能量為$7×2＝14$大卡。由此推算，葡萄糖分子藉由發酵生成ATP的能量生產效率，是$14／686＝2\%$。由此可知，利用氧氣的呼吸代謝與沒有氧氣的發酵反應相比，在能量的生產效率上多出了十九倍之多。

　　也就是說，能夠利用氧氣的生物在能量的使用效率上，比起無法利用氧氣的生物高出了十九倍。原本生物物種只是為了能夠忍受氧氣這種有毒物質而進行演化，但又反過來利用氧氣來提高能量使用效率，因此能在物競天擇中脫穎而出、大量繁衍下去。所有存活至今的物種，其共同特徵就在於活用本身的演化特性以躍過自然環境的困境。

腦部最怕氧氣不足

　　比起無氧下也能進行代謝的發酵反應，活用氧來氧化營養素的反應效率可說壓倒性地勝出。然而，生物體也並非一直都能利用氧，像是從事激烈運動時，體內的血液就來不及將充足的氧提供給肌肉，此時細胞只能

● ATP生產效率

a）一莫耳葡萄糖分子完全燃燒時所釋放的能量

$$C_6H_{12}O_6 + 6O_2 \rightarrow 6CO_2 + 6H_2O + \boxed{686大卡}$$

結論

生物藉由利用氧氣，使能量的使用效率高出了約十九倍之多。

b）一莫耳葡萄糖分子所產生的 ATP 數量（有氧氣的情況）

糖解作用	2
TCA循環	2
電子傳遞鏈	34
	38

能量利用率
$$= \left(7 \times \frac{38}{686}\right) \times 100$$
$$= 38.8\%$$

c）一莫耳葡萄糖分子所產生的 ATP 數量（沒有氧氣的情況）

發酵	2

能量利用率
$$= \left(7 \times \frac{2}{686}\right) \times 100$$
$$= 2\%$$

在物競天擇中勝出，大量繁衍下去

利用糖解作用來生產ATP，讓肌肉有能量繼續活動，這正是所謂的發酵反應。而細胞經糖解作用所產生的乳酸會累積在血液當中，因此只要測量血中的乳酸濃度，就可以推測出人體的疲勞程度，乳酸也因此被稱為**疲勞物質**。此外，從事激烈運動的隔天通常會全身痠痛，也是因為累積的乳酸所導致。當激烈運動結束後過一段時間，血液就可以將氧充分提供給肌肉細胞，而累積的乳酸則會透過血液運送到肝臟，在那裡被氧化成丙酮酸進入TCA循環中。

在人體的器官中，就屬腦部最怕氧氣不足的情況，只要三到五分鐘內無法將氧運送到腦部，腦部就會受到無法恢復的傷害。若是肌肉系統還可以靠糖解作用產生的少許ATP撐個一陣子，但在腦部可就行不通了。

為什麼腦部需要這麼大量的能量呢？人類腦部塞滿了大約一千億個神經細胞，每個細胞膜內側擁有較多鉀離子、外側則擁有較多鈉離子，而腦部的所有運作，就是藉由離子濃度差異引發的刺激傳遞所引起。人體必須靠著埋在細胞膜當中的離子幫浦進行主動運輸，才能製造出細胞內外的濃度差異；要讓這些離子幫浦能正常運作，腦部就必須要消耗掉大量的ATP才行。

4-3 維生素在體內的功用

維生素能夠幫助酵素運作

　　無論誰都有無法專心工作、腦袋亂成一片的時候，此時只要喝下含有維生素和葡萄糖的活力飲料，就會感到精神好很多。一般或許以為這是飲料中的維生素含有許多能量的關係，但維生素其實不含任何的能量，活力飲料能讓人喝了以後恢復精神，是因為當中含有糖分，還有能讓腦部處於興奮狀態的咖啡因。

　　營養素的代謝過程必須要有許多酵素參與，而維生素正是維持酵素運作的所需物質，一旦含量不足，即使體內有再多的營養素和做為生物觸媒的酵素，也無法產生任何能量，可說是「英雄無用武之地」。

　　如此說來，究竟有哪些維生素在人體的哪些器官發揮什麼樣的作用呢？首先是眼睛運作不可或缺的**維生素A**，它會在眼睛的視網膜上和一種稱為視紫蛋白的蛋白質互相結合，形成稱為視紫素的複合體，接著在可見光的作用下，複合體又會再度變回維生素A。這些變化會成為訊號傳到腦部經過處理，便會產生視覺。

　　此外，讓出血停止的凝血反應則需要**維生素K**。這種不常聽見的維生素其實功用非常重要，名稱中的「K」取自德文「Koagulation（血液凝固）」的字首，當肝臟要製造一種與血液凝固有關、稱為凝血酶原的重要因子時，就需要維生素K的幫忙。人體內若是沒有維生素K或含量不足，就無法使出血順利停止。

　　血液擔負著將氧和營養素運送到腦部及人體各處的重責，而在血液的製造上，不能沒有維生素B6、B12、C以及葉酸。至於建構出人體基本架構的骨骼，則在生成過程中需要維生素A、C及D。此外，維生素A、C、B6、硫胺素（維生素B1）、菸鹼酸（維生素B3）以及泛酸，則是人體形成皮膚和維持健康所不可或缺。

維生素在人體內的功用

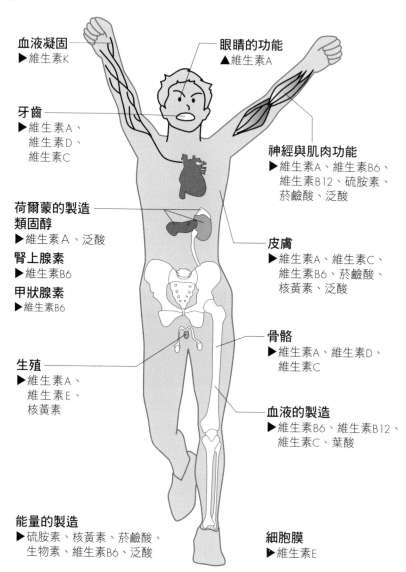

血液凝固
▶維生素K

眼睛的功能
▲維生素A

牙齒
▶維生素A、
　維生素D、
　維生素C

神經與肌肉功能
▶維生素A、維生素B6、
　維生素B12、硫胺素、
　菸鹼酸、泛酸

荷爾蒙的製造
類固醇
▶維生素A、泛酸

腎上腺素
▶維生素B6

甲狀腺素
▶維生素B6

皮膚
▶維生素A、維生素C、
　維生素B6、菸鹼酸、
　核黃素、泛酸

生殖
▶維生素A、
　維生素E、
　核黃素

骨骼
▶維生素A、維生素D、
　維生素C

血液的製造
▶維生素B6、維生素B12、
　維生素C、葉酸

能量的製造
▶硫胺素、核黃素、菸鹼酸、
　生物素、維生素B6、泛酸

細胞膜
▶維生素E

其次就以三大營養素在代謝反應中的轉換過程，來看看維生素在人體內如何發揮功效。做為人體能量來源的醣類，在分解過程中需要維生素B6和菸鹼酸的幫忙；在丙酮酸轉換成乙醯輔酶A的過程中，需要泛酸的幫忙。至於TCA循環要能正常運作，則必須要有菸鹼酸、核黃素（維生素B2）、泛酸、維生素B12和葉酸等物質才行。

「神經管缺損」是新生兒的重大先天性畸形疾病之一，代表性的例子包括誕生時就缺乏腦器官的「無腦症」，及一部分脊椎被分為左右兩半的「脊柱裂」。英國調查報告顯示，孕婦若從懷孕前至懷孕初期均持續攝取葉酸，則新生兒的神經管缺損發生機率可下降至七分之一，這是近年維生素相關研究的卓越成果之一。

再者，肌肉組織從事激烈運動時會產生乳酸，而要將乳酸氧化成丙酮酸就需要有菸鹼酸。此外，將各式各樣的胺基酸轉換成乙醯輔酶A時，需要菸鹼酸、葉酸、維生素B6和B12；至於發生在粒線體的電子傳遞鏈，則需要有核黃素和菸鹼酸，才能生產出大量的能量。

除此之外，當人體將蛋白質分解成胺基酸時，需要維生素C、葉酸、維生素B6、B12、菸鹼酸；分解脂質時則需要菸鹼酸、泛酸、硫胺素（維生素B1）、生物素以及核黃素（維生素B2）。

嗜酒者和老菸槍都要小心維生素不足

派對或宴會中不小心就會飲酒過量，但這樣會使維生素B1和菸鹼酸不足。尤其是維生素B1特別容易缺乏，因為酒在代謝過程中會消耗、甚至阻礙人體吸收維生素B1。此外，酒精代謝過程所產生的乙醛，則需要利用菸鹼酸才能進一步分解成醋酸。酒喝多了會感到頭痛噁心，就是因為乙醛的關係。

此外，老菸槍則需要留意容易**維生素C**不足。香菸是許多人時常會攝取到的有毒物質，每抽一根香菸，體內就會分解掉二十五毫克的維生素C。人體內存有的維生素C含量一般約為一點五克（等於一千五百毫克），但抽了十根香菸，就會有兩百五十毫克的維生素C被分解掉，相當於失去了六分之一的量，因此老菸槍更要好好補充維生素C才行。

◆◆ 水溶性維生素在食物代謝過程中的活躍表現

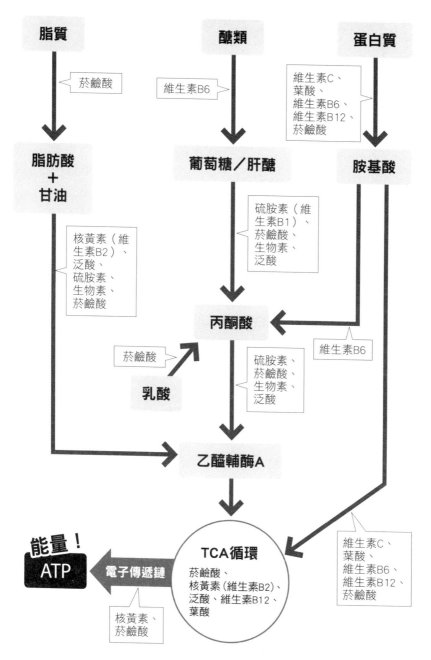

4-4 腦部控制著我們的食欲

進食中樞與飽食中樞

人透過進食將獲得的營養素轉換成能量及身體的構成成分，因而能存活下去。當要進食時，首先會感到飢餓而產生「想吃東西」的欲望（**食欲**），這等於是腦部下達給身體的指令，要求人體設法取得營養素。

在人體腦部深處有一個稱為下視丘的部位，當中含有命令人體吃東西的**進食中樞**，以及命令人體停止吃東西的**飽食中樞**。簡單來說，進食中樞就像是食欲的油門，而飽食中樞則是食欲的剎車器。當三餐攝取的營養素被分解之後，血液中含量增加的葡萄糖會刺激飽食中樞，使食欲被抑制下來，人就會停止進食。

小時候，父母親時常會叮嚀吃飯要「細嚼慢嚥」。由於胃部沒有牙齒，所以吃進嘴裡的食物要咀嚼後才能吞下去；而吃太快不但對胃不好，也是使人發胖的原因，因為吃得太快的話，容易在葡萄糖進到血液裡使飽食中樞受到刺激前，就已經吃下太多的食物。

如果用餐時細嚼慢嚥的話，血中的葡萄糖濃度（血糖值）會逐漸上升，然後刺激到飽食中樞，讓腦部接受到「已經吃飽了」的訊息，就可以在適當的時機使人停止進食。

藉脂肪酸活化的進食中樞

另一方面，當人體空腹時，體內的脂肪會分解出游離脂肪酸。這些脂肪酸會刺激腦部的進食中樞，讓人有「肚子餓」的感覺而產生食欲。減重時，就算刻意降低進食的量，但脂肪也會繼續分解產生游離脂肪酸而持續刺激進食中樞，讓人食欲增加，因此減肥並非一件簡單的事情。

腦部的飽食中樞和進食中樞會控制食欲

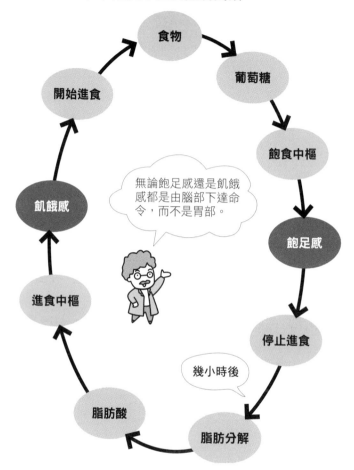

不僅如此，人一空腹血糖降低，就會焦躁不安、注意力無法集中，尤其是年輕人更會如此，但這個現象並非年輕人的修養不夠好。當人體血液中的脂肪酸開始增加時，腦垂腺就會分泌一種稱為促腎上腺皮質素（ACTH）的荷爾蒙，會順著血流到達腎上腺，然後讓腎上腺分泌出**糖皮質素**和**腎上腺素**。這兩種荷爾蒙都有讓血糖升高的功能，可以幫助解除人體的低血糖狀態。除此之外，腎上腺素在人感到憤怒時也會分泌，這種荷爾蒙會使腦部處於興奮狀態，讓人焦躁不安。

4-5 為什麼減肥會失敗

打造不易變胖體質的祕訣

　　肥胖可說是美麗和健康的大敵。除了女性原本就對這個議題特別敏感，近年來也有許多男士因為關心健康而注意到肥胖的問題。

　　肥胖是糖尿病、心肌梗塞及高血壓等疾病的病因，因此有許多人努力想要減肥，但失敗者卻遠多於成功的人。

　　人會發胖的理由非常簡單，也就是吃進去的能量（歲入）比身體消耗的能量（歲出）還要多，差額的部分便會被身體儲存成脂肪而發胖。此外步入中年以後，就算食量不如年輕時來得大，還是會慢慢地發胖，這是因為隨著年紀的增加，身體的「歲出」也會跟著減少的關係。

　　在人體**消耗的能量**（歲出）之中，包括了約占百分之六十的**基礎代謝**（製造與維持人體運作的所需能量）、約占百分之三十的**活動代謝**（人體活動的所需能量）、以及約占百分之十的**食物熱效應**（進食時以熱量形式散失的能量）。

　　一個人在一生當中，在活動代謝和食物熱效應中消耗的能量多寡幾乎不會有所變化，但基礎代謝卻會在成年後一點一滴地逐漸下降，因此就算與以往苗條時期吃得一樣多、運動量也維持一樣，還是會逐漸發胖。

　　人在年輕時往往喜歡脂肪含量較高的食物，但隨著年紀增加就會開始會偏好熱量較低、較為清爽的食物，此即身體為了應付基礎代謝率下降的自動調節反應。不過，有些上了年紀的美食者仍然像年輕時一樣持續食用高脂肪食物（即口味濃厚的高熱量食物），身材就會因此發胖。

復胖的祕密

　　為了減重，減肥者通常不是要減少食量、降低身體所攝取的熱量，就

◆▶ 能夠提高基礎代謝的運動

是得多多運動、增加身體所消耗的熱量。然而，不吃飯的減肥方式不但會讓體內缺乏營養素，有害健康，肚子餓的時候整個人也會焦躁不安，導致工作或念書的效率不彰。

不僅如此，刻意降低食量雖然可在短時間內變瘦，不過停止減肥後卻會變得比減肥前還要更胖，這種現象稱為**復胖**，原理如下。當短時間內降低食量，體重就會下降，不過此時若沒有運動，那麼不僅脂肪組織，連肌肉組織也會一起減少，使得基礎代謝率也隨之下降。接著，由於肌肉逐漸衰弱，會讓人變得無法忍耐不吃飯的減肥方式，而恢復原本的食量，但又由於肌肉組織減少、基礎代謝率下降的緣故，身材反而變得比減肥前還要更胖。

刻意不吃或忍耐不吃的減肥方式都無法長久持續，也因此許多人的減肥計畫往往都以失敗收場。

如此說來，如何才能守住我們的健康與美麗呢？答案就是要打造出具有高基礎代謝率、不易變胖的體質，建議應該要透過適度的運動，鍛鍊出肌肉組織。只要肌肉組織增加，基礎代謝率就會隨之上升，便不需要用刻意不吃的方式來減肥。

每天都能實行的適度運動，具體來說如快走約四十分鐘、慢泳（自由式）約十分鐘、用較輕（一到二公斤）的啞鈴做體操等等。就算只從事其中一種運動也要持續地做，因為決定減肥成功與否的分水嶺，就在於是否能夠堅持到最後。

4-6 抑制飯後急速上升的胰島素即能預防肥胖

低胰島素減肥法

心臟病是美國人死亡原因的第一名，研究學者將心臟病的發生歸因於高膽固醇及肥胖，並向政府及民間傾全力倡導少脂的飲食習慣，結果發現美國人體內的膽固醇數值雖然下降了，但肥胖的人數卻是與日俱增。這是因為飲食中的脂肪攝取量雖然減少，但醣類的攝取量反而大幅增加的緣故。

所謂的血糖值，是一種用來表示血液中葡萄糖濃度的數值，一般正常的血糖值大約為100 mg／dL（即「一百毫升血液中含有的葡萄糖有一百毫克」）。當血糖值大幅上升時，胰臟的蘭氏小島便會分泌出大量的**胰島素**，而這正是造成肥胖的原因。

溶在血液中的脂肪和葡萄糖，可以在肌肉組織中做為細胞的能量來源而被消耗掉，或是被脂肪組織吸收而累積在體內。血液中的脂肪和葡萄糖會走向哪一條路，一切都取決於胰島素的分泌量。

換句話說，如果胰島素分泌得少，大部分的脂肪和葡萄糖就會在肌肉組織被消耗掉；如果胰島素分泌得多，脂肪和葡萄糖則會被脂肪組織吸收累積在人體當中，造成發胖。只要能夠抑制胰島素的分泌量，就算吃了相同熱量的食物，也可以抑制脂肪的累積，這種減肥概念俗稱為**低胰島素減肥法**。

舉例來說，比起麵包或白飯等其他主食，麵類比較不容易讓人體囤積脂肪，而這當中用來比較的量化指標，即稱為**升糖指數（GI）**。食物的GI值有多少，是在人實際吃了東西後測量血糖值上升了多少而定，許多研究機關均發表了其利用獨自開發出來的測量方法所測得的GI值。

其中，日本國立健康營養研究所**杉山道子**等人的研究團隊，發表了以

◆◆ 胰島素的分泌量決定了人是否發胖

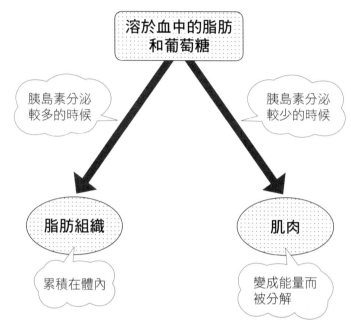

下有關GI值的報告：如果將白米的GI值訂為基準值100，則葡萄糖（122）的GI值最高，其次仙貝（111）和紅豆飯（105）的GI值也偏高，至於麵包（92）、白飯加蛋（88）、白飯加咖哩（82）的GI值則較低，最低的是烏龍麵（58）、蕎麥麵（56）、義大利麵（56）等麵類。

麵類是一種較不易使人發胖的食物，此外若在麵裡加上辣椒一起吃，還可以刺激交感神經提升代謝率，使體脂肪更容易燃燒。為了預防肥胖，吃飯時最好選擇低GI值的食物，盡可能降低血糖值的最高峰（即抑制胰島素的釋放）。

除此之外，根據運動員的經驗，如果在中長程賽跑或手球等比賽前吃了義大利麵，會讓人充滿精力，在比賽中獲得好成績。這或許是因為義大利麵條讓運動員體內血糖值的提升能緩慢地進行，使血糖值能夠長時間維持在穩定的範圍，因此成為運動員的精力泉源。

4-7 血型是如何決定的

血型與輸血的關係

在生化學蓬勃發展的現代，已經明確知道體重六十公斤的成年人若出血超過兩公升就會致死。而在以前，其實人們就已充分了解血液的重要性，例如聖經就有「血液即性命」的類似說法，不過血液的詳細資訊一直要到近年的研究才真正得知。驚人的是十七世紀前，人們一直認為無論動物或人類所擁有的紅色血液，都是一樣的東西，因此常以綿羊血為人進行輸血，自然發生了相當嚴重的問題。直到約一八八〇年，才知道只能用人的血液為人輸血。

不過，並非用人的血液就一定會輸血成功，因為還有所謂「血型」的差別，若捐血者和受捐者血型不一致，輸血就不見得順利。簡單來說，如果兩者血型不同，人接受捐血之後就會引發**「抗原－抗體反應」**，體內的抗體會將進入人體的紅血球視為外敵進行攻擊。紅血球被破壞掉的現象，稱為**溶血反應**。

發現有所謂「血型」的差別，是在一九〇一年由維也納大學的**蘭德施泰納**所證明，他採集了數十位健康成人的血液，將不同人的紅血球和血清（將血液去除纖維蛋白後剩下的液體成分）互相混合後進行觀察，結果發現血液可分成A型、B型、O型及AB型四種。

如果在**A型**的血清中加入B型的紅血球，會產生塊狀凝結（**凝集反應**）。換句話說，A型的血清中含有一種稱為「抗B」的抗體，會讓B型紅血球所含的**B型抗原**凝集在一起；另一方面， B型的血清中亦含有另一種稱為「抗A」的抗體，會讓A型紅血球所含的**A型抗原**凝集起來。

至於O型的血清，則會讓A型和B型的紅血球都產生凝集反應，由此可知O型血清當中同時含有抗A和抗B兩種抗體。本頁圖解中彙整了血液類型

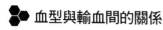
血型與輸血間的關係

血型	所含的抗原	所含的抗體	可接受此種血型的捐血者	可捐血給此種血型者
O型	無	抗A、抗B	O	O、A、B、AB
A型	A	抗B	O、A	A、AB
B型	B	抗A	O、B	B、AB
AB型	A、B	無	O、A、B、AB	AB

與輸血之間的關係，可供參考。

　　此外，血型為**AB型**的人其血清中並不含抗體，而能接受所有人的捐血，但由於其紅血球同時含有A型抗原和B型抗原，因此只能捐血給相同血型的人。相較之下，血型為O型的人因為血清中同時含有抗A和抗B兩種抗體，而只能接受相同血型（O型）的捐血，但因為其紅血球不含有效抗原，所以可以捐血給各種血型的人。

血型和個性是否有關係

　　那麼，**血型**又是由什麼所決定呢？在紅血球的細胞膜表面上有許多凸出的蛋白質，說到這或許會讓人覺得「果然只有蛋白質才能擔負『決定血型』的重責大任」，但並非如此，真正決定血型的關鍵，是一種附著在蛋白質上的**醣類抗原**。

　　前面說過A型血含有A型抗原、B型血含有B型抗原、AB型血則同時含A型和B型兩種抗原。至於O型血中，其實也含有一種**H抗原**，不過這種抗原同樣也存在於A型血和B型血中，因此在不同血型間不具抗原的效用，這也使得人類血液中沒有用於對抗H抗原的抗H抗體。

　　紅血球的細胞膜表面上有許多凸起的醣類抗原，末端接有**半乳糖**分子（Gal）。如果半乳糖分子上只接了一個稱為**海藻糖**（F）的醣類，就會形成普遍存在各血型中的H抗原；若半乳糖分子除了海藻糖還多接了一個**N-乙醯半乳糖胺**（GalNAc），就會形成A抗原；若將上述N-乙醯半乳糖胺換成另一個半乳糖分子（Gal），則會形成B抗原。

決定血型的抗原

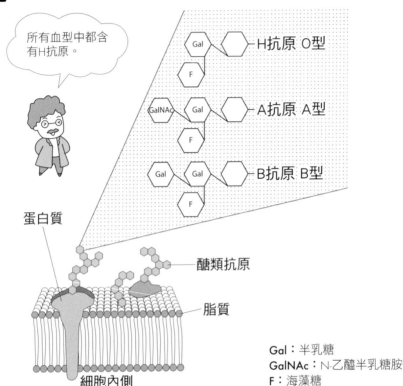

所有血型中都含有H抗原。

H抗原 O型

A抗原 A型

B抗原 B型

蛋白質

醣類抗原

脂質

Gal：半乳糖
GalNAc：N-乙醯半乳糖胺
F：海藻糖

細胞內側

一般坊間廣為流傳「血型配對」、「血型個性分析」等說法，從日本NHK電視台在東京地區進行的街頭調查發現，有百分之七十五的人認為「血型和人的個性有關」。不過，個性是一種人類心智活動的表現，為腦部複雜運作機制下的產物，最簡單的腦部模型也都顯示心智活動產生的原因，是取決於腦部神經細胞的連接方式，以及在不同神經細胞間的突觸所傳導的神經傳導物質種類及含量等因素。如果個性會受血型影響，是否表示決定A、B、O等血型的A型抗原和B型抗原會在腦部發揮作用，影響當中的神經細胞、突觸或神經傳導物質呢？答案是否定的，A型抗原和B型抗原並不存在於腦部中。因此，坊間流傳的「血型配對」、「血型個性分析」等說法，其實沒有相關的科學證據支撐。

4-8 血液是如何凝固的

止血反應是由許多化學反應組合而成

人體若受傷弄破血管就會開始出血，如果一直血流不止就會造成嚴重的後果，因此只要傷勢不太嚴重的話，稍微過了一段時間流血就會自然停止，這種人體與生俱來的**止血機制**，稱為**凝血現象**。

這裡就來看看止血的機制。當血管受損開始出血時，會有一種平時隱藏在血管壁當中、稱為**膠原蛋白**的蛋白質開始剝落出來，當**血小板**一接觸到膠原蛋白，人體就會發現到血管壁破損了，而展開止血的工作。首先，血小板會黏在血管壁的破損處試圖讓出血停止，若無法達到止血效果的話，就會向附近的血小板和紅血球尋求援助，接著紛紛趕來的血小板和紅血球會不斷重疊在一起，塞住血管壁的破損處。

就在這個時候，血漿中的凝血因子會開始發揮作用，為止血工作準備一種稱為**纖維蛋白原**的繩狀聚合物。纖維蛋白原會將血小板、紅血球及白

❖❖ 凝血現象的化學反應

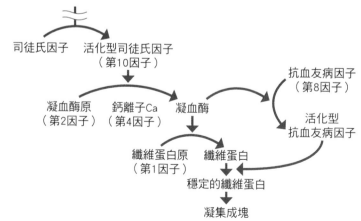

血球緊緊綁在一起，接著纖維蛋白原本身再轉變成**纖維蛋白**，以製造出凝結的**血塊**，如此一來出血便能停止下來，人體便順利地完成止血的工作。接下來，血小板會讓血管細胞增殖，這些細胞則會製造出膠原蛋白，將血管修復成原狀。

❖ 凝血現象的過程

下圖是纖維蛋白捕捉住紅血球的情形。血中的纖維蛋白原製造出纖維蛋白後，纖維蛋白會互相凝集形成長長的纖維，然後綁住紅血球。

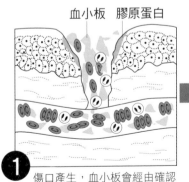

血小板　膠原蛋白　　　　纖維蛋白　紅血球　白血球

❶ 傷口產生，血小板會經由確認血管壁的膠原蛋白剝落而得知這項訊息

❷ 血小板所釋放出的凝血因子，會製造出纖維蛋白，促進凝血現象

血液凝結成塊的固體如果是出現在血管之中，就稱為**血栓**。血栓的出現若造成血液無法在血管中正常流動，就會對人體造成嚴重的影響。舉例來說，血栓出現在腦部血管就會引發**腦溢血**，出現在心臟則會引發**心臟疾病**。由於血液若是凝固在血管之中反而會對人體有害，因此只有在血管破損的時候，才會只在破損的區域出現前面提到的凝血機制。

人體為維持這種巧妙的凝血機制，需要靠十三個因子幫忙，少了其中一種，血液就無法順利凝固。天生就難以讓血液凝固的血友病患者，由於體內**第八因子（抗血友病因子）**或**第九因子（克氏因子）**不足，而無法讓**纖維蛋白**穩定下來，因此無法順利凝固。缺少第八因子的患者稱為**A型血友病**，缺少第九因子的患者則稱為**B型血友病**。

除此之外，**凝血酶原（第二因子）**的生成過程中需要維生素K，從凝血酶原製造出凝血酶的過程中則需要鈣離子（第四因子）的幫助。

一般血管內的血液之所以不會凝固，是因為尚未活化的凝血酶原還沒轉換成**凝血酶**，所以不會讓**纖維蛋白原（第一因子）**轉換成纖維蛋白而引發凝血反應。凝血酶原要到出了血管外以後，才會開始活化轉變成凝血酶，在纖維蛋白原上發揮作用。至於在凝血酶原轉換成凝血酶的過程中，也必須要有**活化型司徒氏因子（第十因子）**才行。人體必須湊齊了血小板和十三種凝血因子，凝血機制才能順利地運作。

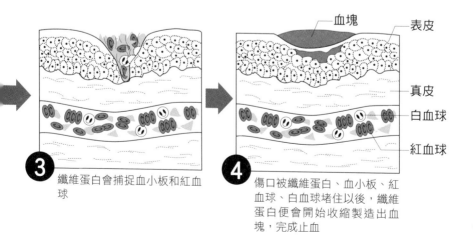

3 纖維蛋白會捕捉血小板和紅血球

4 傷口被纖維蛋白、血小板、紅血球、白血球堵住以後，纖維蛋白便會開始收縮製造出血塊，完成止血

血塊　表皮

真皮
白血球
紅血球

4-9 鈣質是生命的基本元素

百分之九十九的鈣質是骨骼和牙齒的成分

鈣質是人體中含量最多的礦物質，大約占了全身重量的百分之二，一個體重六十公斤的人，體內便大約含有一千兩百公克的鈣質。原本在化學分類中，鈣被歸類為金屬元素，但人體當中鈣的成分並不會單獨扮演金屬的角色，而是和磷酸結合，形成一種稱為**氫氧基磷灰石**$Ca_{10}(PO_4)_6(OH)_2$的結晶，結構相當堅硬穩固。

在人體內，氫氧基磷灰石被用於構成骨骼和牙齒的主要成分，可說充分活用了其堅硬穩固的特性。事實上，人體內的鈣質有百分之九十九都用於骨骼（或牙齒），只有僅剩的百分之一是溶於血液當中。

先來看看占了全身鈣質百分之九十九的骨骼。骨骼是建構出人體架構的材料，如果以建築來比擬，美國芝加哥市的希爾斯摩天大樓、日本橫濱市的地標大廈等著名建築物之所以可以直入雲端，都是靠著當中的鋼筋結構來穩定支撐，而人體的支撐物就是堅固的脊椎和骨骼。

人體的骨骼架構和高樓大廈的鋼筋結構很像，但是有以下兩點不同處。首先，高樓大廈結構的主成分是鐵，而人體結構的主成分則是鈣。

其次，高樓大廈一旦建造完成後，就不需要再添加鐵做為鋼筋結構的主成分，但是人體卻必須不斷補充鈣質做為骨骼的主要成分來源。高樓大廈是沒有生命的，但人體活著的生命現象卻會讓體內的組織、細胞以及骨骼都不斷地發生變化。

人體如果沒有充分攝取鈣質，骨骼的鈣質流失量就會超過攝取量而變得鈣質不足，情況嚴重的話，就容易罹患**骨質疏鬆症**。這種疾病的英文稱為Osteoporosis，字首的「Osteo」有「骨骼變細變脆弱」的意思，而

◆▶ 鈣在人體內的功用

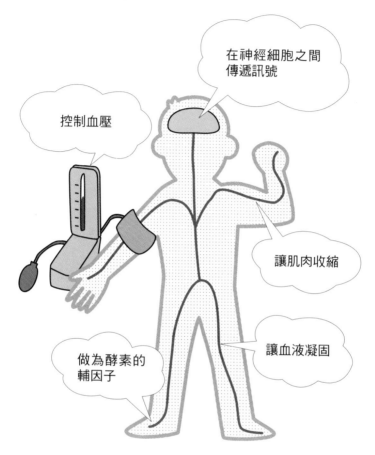

控制血壓

在神經細胞之間
傳遞訊號

讓肌肉收縮

讓血液凝固

做為酵素的
輔因子

「porosis」則有「充滿空洞」的含意。

接下來看看溶在血液當中的鈣質。血中的鈣質具有以下五種功用：讓肌肉收縮、在神經細胞之間傳遞訊號、讓酵素發揮功能、讓血液凝固、控制血壓。由此可知，鈣質在人體當中扮演著關鍵的角色，讓人得以存活下去。如果體內沒有鈣離子的話，人類連一天都活不下去，因此好好攝取鈣質可說是相當地重要。

4-10 生物體如何利用鈣質

骨中的鈣質和血中的鈣質

　　這裡來看看**鈣質**在人體內的利用情形。

　　（1）當我們吃了優格、綠花椰菜、牛奶等鈣質含量豐富的食物，當中的鈣質有百分之二十五到百分之五十會被吸收至體內，剩下的百分之五十到百分之七十五則會以糞便的形式排泄到體外。

　　（2）飯後過了一段時間，鈣質就會到達小腸。

　　（3）鈣質在小腸中透過**維生素D**的協助被吸收之後，就會被移動到血液當中，如此一來，鈣質就算是被人體吸收完成。不過就算再怎麼拚命攝取鈣質，如果體內的維生素D不足的話，鈣質也只會直接通過人體而被排泄出體外，因此必須要同時攝取鈣質和維生素D才行。

　　（4）人體會透過兩種功能正好相反的荷爾蒙，來調節鈣質在血液或骨骼當中的含量。其中**降鈣素**會讓血中的鈣質移動至骨骼當中，使骨骼的強度增加；相反地，**副甲狀腺素**則會讓骨骼中的鈣質移動至血液當中，骨骼的強度也會因此降低。

　　前面曾經提過人體全身的鈣質含量有百分之九十九都累積在骨骼或牙齒當中，但是千萬不要誤以為骨骼的形成都只靠鈣質。除了鈣質之外，骨骼當中還儲存著**鎂**，會視需要釋放到血液當中，因此骨骼除了做為人體的支撐組織外，同時也是體內礦物質的儲藏室。

　　（5）溶在血中的鈣質，雖然只占人體鈣質總量的百分之一，但卻擔負著許多工作，像是肌肉收縮、血液凝固、神經細胞之間的訊息傳遞等等，所以不能因為只是「區區百分之一的鈣質」而小看了血液中的鈣質作用。

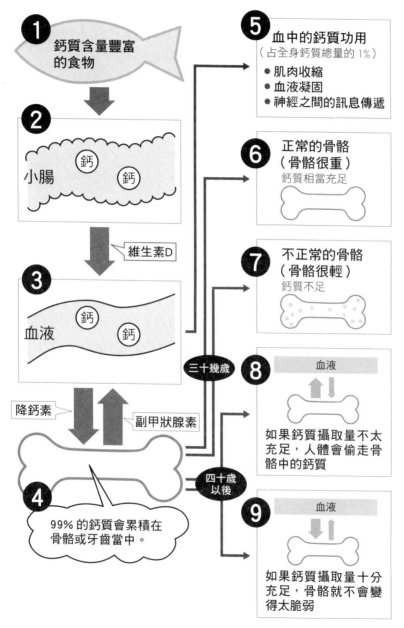

鈣質在生物體內的利用方式

1 鈣質含量豐富的食物

2 小腸
鈣　鈣

維生素D

3 血液
鈣　鈣

降鈣素　　副甲狀腺素

4 99% 的鈣質會累積在骨骼或牙齒當中。

5 血中的鈣質功用
（占全身鈣質總量的 1%）
● 肌肉收縮
● 血液凝固
● 神經之間的訊息傳遞

6 正常的骨骼
（骨骼很重）
鈣質相當充足

7 不正常的骨骼
（骨骼很輕）
鈣質不足

三十幾歲

8 血液
如果鈣質攝取量不太充足，人體會偷走骨骼中的鈣質

四十歲以後

9 血液
如果鈣質攝取量十分充足，骨骼就不會變得太脆弱

預防骨質疏鬆症的「保骨本」之道

接下來要依照人類的年齡順序，來看看骨骼的情況。

（6）在二十幾歲之前，人體的骨骼還會不停地伸展並生長，但是到了三十幾歲之後，骨骼的生長就會停止。不過骨骼停止成長以後，還是會持續進行代謝，不停地重複骨骼的生成與分解。因此三十幾歲的人如果攝取了足夠的鈣質，骨骼雖然不會再伸展，但卻會變得密實，使得骨骼密度因而增加，這個時期正是人的一生中骨骼最結實的時候。之後隨著年紀的增加，骨骼含量也會逐漸下降。

（7）不過，如果人在三十幾歲的時候沒有攝取足夠的鈣質，骨骼就會變輕、密度下降。三十幾歲時若不好好累積骨本的話，一旦上了年紀，就會飽受骨質疏鬆症之苦。要是等到年紀大了才去攝取鈣質，可說是為時已晚，就像捉到小偷後才想到要編繩子好把小偷綁起來一樣。俗話說「即時行善」，無論是年長者還是年輕人，都應該從現在開始好好攝取鈣質，努力「保骨本」。

（8）人如果沒有充分攝取鈣質，便會使血中的鈣質含量不足；而為了彌補這些不足的部分，人體就必須將骨骼中的鈣質移動至血液當中。換句話說，骨骼當中的鈣質被「偷走」了。如果這種情況長期持續下去，到了老年的時候，骨骼含量就會變得過少，而容易罹患骨質疏鬆症。

（9）到了四十歲以後，每一個人的骨骼含量都會下降，這個趨勢是無法避免的。然而，如果在年輕時攝取了充分的鈣質，累積了足夠的骨骼含量，此時鈣質流失的情況就會顯得比較輕微，便可能延緩骨質疏鬆症的發生。

危害老年人的骨質疏鬆症

千萬人飽受骨質疏鬆症之苦

骨質疏鬆症一旦開始發病，患者的脊椎骨就會隨著年齡增加而不斷彎曲（如下方圖解）。如果脊椎骨開始彎曲，患者不僅無法自由活動，就連走路也不方便，甚至因為骨骼變得極度脆弱，只要受到一點小衝擊就會骨折。舉例來說，有人在等紅綠燈的時候，當綠燈亮起才踏出第一步，腳就骨折了。有人光是打個噴嚏，就造成胸骨骨折，運氣不好的時候甚至還會傷及腰骨，導致日後再也無法站立，這也是造成老年人臥病在床的主要原因之一。

骨質疏鬆症的症狀如此可怕，但這卻是一種相當常見的疾病。目前世界上飽受骨質疏鬆症之苦的患者，在美國約有兩千五百萬人，在日本則有一千萬人左右。

這裡先來看看骨骼含量和年齡之間的關係。無論男性還是女性，一旦

骨質疏鬆症的症狀

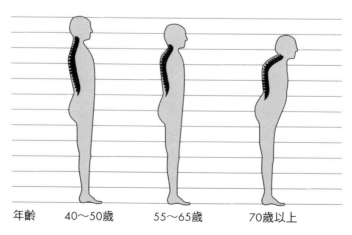

年齡　40～50歲　　55～65歲　　70歲以上

153

上了年紀後，體內的骨骼含量都會逐漸減少。不過，相較於男性骨骼的減少速度較為緩和，女性的骨骼則是急遽減少，這在下一節會有更詳細的說明。隨著骨骼含量的減少，身高會跟著下降、腰部彎曲，最後則會變得容易骨折，同時骨骼的結構自然也會變得比較脆弱。

膠原蛋白和鈣質流失導致骨質疏鬆症

接著來比較一下正常的骨骼和罹患骨質疏鬆症的骨骼（參見右頁上方圖解）。骨骼的構造分為三層，有位於骨骼中心的**骨髓**、包著骨髓的柔軟海綿狀骨頭（**海綿骨**）、以及最外側擔負保護作用的堅硬骨頭。這裡要特別注意的是，正常骨骼（a）的海綿骨非常厚，相對來說，罹患了骨質疏鬆症的骨骼（b），其海綿骨就顯得非常薄。

除此之外，一旦罹患了骨質疏鬆症，外側的堅硬骨頭也會不斷流失鈣質，不過這在外表上不容易觀察到。換句話說，用於製造骨骼的**膠原蛋白和鈣質**會從海綿骨和外側堅硬骨頭當中逐漸流失，造成骨骼整體的強度明顯下降。

❖ 骨骼含量跟年齡的關係

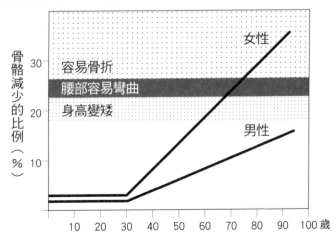

正常的骨骼與患有骨質疏鬆症的骨骼比較

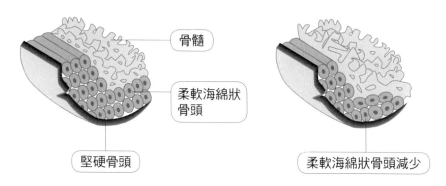

（a）正常的骨骼

（b）患有骨質疏鬆症的骨骼

骨髓

柔軟海綿狀骨頭

堅硬骨頭

柔軟海綿狀骨頭減少

COLUMN

可以治療肺結核的神奇日光浴

　　故事的時間回到還沒發現抗生素的二十世紀初，當時日光浴是治療肺結核的唯一有效方法，只要將肺結核患者送到日照充足的地區，過沒多久就會恢復健康。

　　當時還沒人知道日光浴能夠治療肺結核的原因，不過現在經由研究已經確知，人體的皮膚透過日光浴會合成出維生素D，隨著血流傳遍全身，製造出天然的抗生素。由於維生素D就算不從食物中攝取，也可以在人體內自行合成，因此嚴格說來其實是一種荷爾蒙，而非維生素。

　　這種能夠殺死肺結核等病原體的抗生素，是一種稱為抗菌胜肽的小型蛋白質，這個研究成果是由美國加州大學洛杉磯分校（UCLA）羅伯特‧馬德林等人的研究團隊所發現。

　　經過這些相關研究，總算解開了「日光浴能夠治療肺結核」這個長久以來的謎團，簡單來說就是維生素D活化了體內的免疫系統，讓免疫系統得以發揮作用，合成出能夠殺死結核菌的抗菌胜肽。因此，天氣晴朗的時候，多出門曬曬太陽有益健康。

4-12 骨質疏鬆症與動脈硬化的病因相同

老化會讓骨骼變得脆弱

在日本，四十五歲以上的人每三位就會有一位罹患骨質疏鬆症，六十歲到八十歲的女性罹患骨質疏鬆症的比例則為百分之五十到七十，因此，六十五歲以上的女性有百分之二十五的人會發生骨折。罹患骨質疏鬆症的性別差異相當明顯，女性的發病機率高出男性約五到六倍之多。

雖然作用機制還不清楚，但目前已經發現女性荷爾蒙之一的**雌激素**具有防止骨骼鈣質溶出的功用。當女性停經後，體內雌激素的分泌量也跟著下降，因而間接引發骨質疏鬆症。如此一來，理論上若讓停經的女性服用雌激素，應該就能預防骨質疏鬆症的發生，而事實上美國已經在進行相關臨床試驗，據說成效相當顯著。（編按：目前台灣對於有更年期症狀或是骨質疏鬆症的停經婦女，已普遍在臨床上使用如雌激素等的荷爾蒙補充療法或是選擇性雌激素受體調節劑）

骨骼鈣質流失不僅會造成骨質疏鬆症，也會導致**動脈硬化**（即血管變硬）。這是因為隨著年齡的增加，**維生素D和降鈣素**的分泌量也跟著減少的關係。維生素D能夠讓小腸中的鈣質移動到血中，因此維生素D不足，血中的鈣質就會不夠，此時人體會分泌大量副甲狀腺素，讓骨骼中的鈣質過度地溶出進到血液中。不僅如此，負責調控血中鈣質含量的降鈣素也會降低分泌量，讓血中過剩的鈣質無法回到骨骼中，造成骨骼鈣質不足，使人體離骨質疏鬆症又更靠近了一步。相較之下，血中的鈣質含量卻是不斷增加，多餘的鈣質便會累積在血管壁上，讓血管變得狹窄，造成血壓上升。此外，血管也會因此變硬，造成彈性降低、容易破損。

這種狀態稱為**動脈硬化**，一旦出現這種狀況，血管中的血液就會變得容易凝固而形成血栓。血栓若變大堵住血管，血液就無法繼續傳送到接下

◆ 與鈣質有關的疾病：骨質疏鬆症和動脈硬化

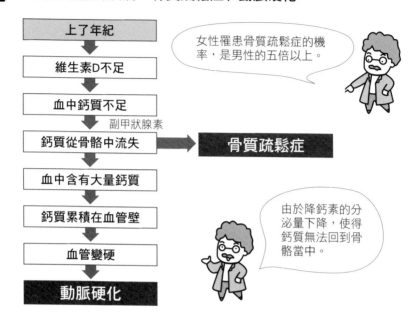

上了年紀
↓
維生素D不足
↓
血中鈣質不足
↓ 副甲狀腺素
鈣質從骨骼中流失 → 骨質疏鬆症
↓
血中含有大量鈣質
↓
鈣質累積在血管壁
↓
血管變硬
↓
動脈硬化

女性罹患骨質疏鬆症的機率，是男性的五倍以上。

由於降鈣素的分泌量下降，使得鈣質無法回到骨骼當中。

來的組織。血栓若是塞住心臟血管引發心肌組織壞死，就成了心肌梗塞；如果塞住腦部血管造成神經細胞死亡，就成了腦中風；若造成腦部血管破損，就成了腦出血。

無論年紀多寡都要攝取充足鈣質

那麼，骨質疏鬆症又要如何預防才好呢。首先，鈣質會隨著年齡增加而不斷從骨骼中流失，這是無法避免的，所以要趁年輕時盡可能在體內累積許多鈣質，就像平時存錢來「保老本」一樣，儲備骨骼含量的工作就是在「保骨本」，這從年輕時就要開始努力做起。另外為了盡量降低鈣質流失的速度，年輕的時候不用說，就算步入中年或老年後，還是要盡可能多多攝取鈣質。

關於鈣質的建議攝取量，在日本是每天八百毫克，在美國則建議每人每天應攝取一千兩百毫克（譯注：台灣衛生署建議每天的鈣質攝取量為三百至一千

兩百毫克）。鈣質是一般人容易攝取不足的礦物質之一，因此建議應該要積極攝取。例如一百公克的優格或牛奶中大約含有一百毫克的鈣質，因此建議可選擇其中一項當做早餐。此外，起士也是一種鈣質含量極為豐富的食物，一百克就含有五百毫克到一千三百毫克的鈣質。

第一型糖尿病或許可以治癒！

　　所謂第二型糖尿病的病因，是由於肥胖造成胰島素功能下降；第一型糖尿病則是由於胰臟本身無法分泌胰島素所造成。第一型糖尿病的病因肇始於免疫系統太過活化，導致白血球移動到胰臟，將負責分泌胰島素的蘭氏小島視為外來物質，而對其展開攻擊，使得蘭氏小島被破壞後無法分泌胰島素。

　　自體免疫疾病是指免疫系統會破壞人體本身的細胞，第一型糖尿病就是代表性的例子。現階段若想完全治癒第一型糖尿病，就只能從捐贈體上採集胰臟組織，將蘭氏小島細胞移植到患者身上，不過移植的組織，總有一天終究還是會被體內太過活化的免疫系統給破壞掉。

　　不過，美國哈佛大學丹妮思・法斯特曼等人的研究團隊以小鼠實驗證實了胰臟蘭氏小島的細胞能夠再生，可謂是一項劃時代的研究成果。其研究方法如下。首先，在患有第一型糖尿病的小白鼠身上注射一般用來對抗肺結核的卡介苗，誘導TNF-α（腫瘤壞死因子α）將破壞掉蘭氏小島的白血球給殺死，其次在這隻小白鼠身上移植其他小白鼠的脾臟（而非胰臟）。令人驚訝的是，在移植過後，小白鼠的蘭氏小島組織居然開始分泌出胰島素！小白鼠的血糖值也相當安定，可說完全治癒了糖尿病。過去認為被破壞的蘭氏小島細胞無法再生的觀念，在這一刻完全被推翻。然而，當時大多數學者並不相信這項研究結果，為了逼退法斯特曼的主張，有其他研究團隊進行了相同的實驗，但卻出現相同的研究結果，學界才終於認同了法斯特曼的主張。

　　如果在小鼠身上的實驗結果，也能在人的身上出現的話，往後第一型糖尿病患者只要先注射卡介苗再接受脾臟的移植，或許就能根治身上的糖尿病，這項研究可說拓展了第一型糖尿病的根治之道。

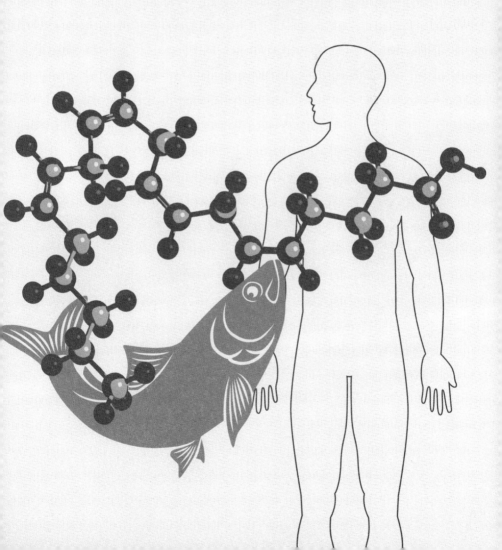

第 5 章

生物資訊學

5-1 基因在親子及細胞間傳承

親子間因基因而相像

　　一般小孩在各方面都會和父母親相似，身高體重這些體態特徵外，其他如價值觀、性格、癖好及行為舉止等也會有所相像，甚至有許多種疾病會好發在特定家族中。這種父母親將生物學上的特徵或性格傳給兒女，兒女又傳給孫子的垂直傳遞現象，正是所謂的**遺傳**，而**遺傳學**則是專門研究遺傳機制的學問。此外，父母傳給兒女、兒女傳給孫子等代代相傳下去的「特徵」，其實是一種「訊息」，在遺傳學上稱為「**遺傳訊息**」，而遺傳訊息的傳遞單位則稱為**基因**。

　　以上所述都是關於親子之間的遺傳；不過遺傳還有另一種形式，就是在同一個人體內的細胞進行分裂，而製造出新細胞的現象。

　　細胞會有一定壽命，生命走到盡頭的細胞便會死去。例如紅血球的壽命約有一百二十天，嗜中性白血球或血小板則約為十天，人體只要過了半年，幾乎大部分細胞都會汰換成新的。這裡就以生化學家魯道夫・尚恩海姆做過的一個著名實驗，來證實這個狀況。尚恩海姆先以氮十五同位素來標記胺基酸，然後混在飼料中餵實驗小鼠吃了三天，接著研究其排泄物，結果發現尿液中含有約百分之三十的標記胺基酸，但糞便中只含百分之二，剩下的標記胺基酸則有百分之五十六被用來組成建構小鼠身體的蛋白質，廣布於小鼠的全身上下。

　　不但如此，由於小鼠體重沒有改變，可見其體內有多少被標記的蛋白質（新製造出來的蛋白質），就表示有相同重量的老舊蛋白質在短短三天內被急遽破壞掉。換句話說，構成生命體的物質表面看來沒什麼變化，事實上卻在體內不停進行合成與分解反應，這個現象稱為「動態平衡」。前

人體、細胞、染色體、基因

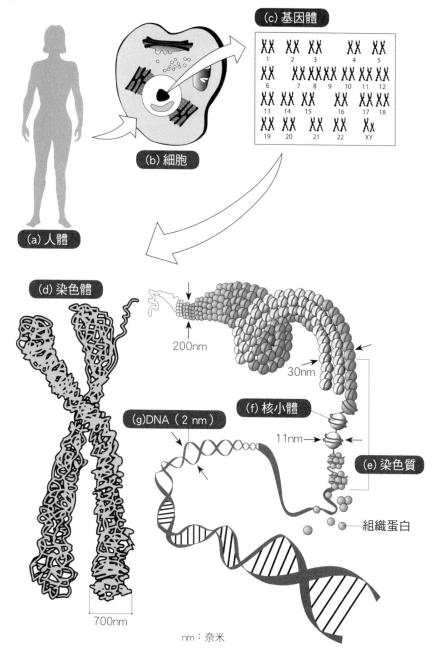

(c) 基因體

(b) 細胞

(a) 人體

(d) 染色體

200nm

30nm

(g)DNA（2 nm）

(f) 核小體

11nm

(e) 染色質

組織蛋白

700nm

nm：奈米

天和昨天吃的食物，會化為今天和明天身體的一部分；不過，昨天的我們和今日的我們依舊會維持著同一人的樣貌。

　　人之所以可以一輩子都維持一致性，正是因為老舊細胞的基因可以正確無誤地傳遞給新生的細胞。也就是說，A君的細胞會正確複製其體內特有的基因，然後分配到新生細胞中，因此即使老舊細胞死去了，A君依舊是A君。無論是親子間的遺傳，還是同一個人體內細胞進行分裂時的遺傳，都是靠基因擔起傳遞遺傳訊息的任務。

人類基因位於細胞核內

　　那麼，人類的基因是存在於體內的什麼部位呢？請將人體想像成箱子，來看基因的所在處。

　　（a）人體是由骨骼、肌肉、皮膚、血液、神經、牙齒、毛髮等所構成，這些組織則由許多十微米大小的細胞大量聚集而成。亦即人體這個箱子中裝有相當大量的細胞（約六十兆個）。不過，細胞本身也是一個箱子。

　　（b）打開細胞這個箱子後，可看見各式各樣統稱為胞器的元件，其中位於細胞正中央的是細胞核，裡面藏有一組人類基因（**基因體**）。

　　（c）基因體本身也是箱子，當中裝有二十三對（四十六條）**染色體**。所謂的染色體，是由許多基因聚集在一起所形成的物質。

　　（d）前頁圖解將人體四十六條染色體的其中一條放大表示。當科學家用顯微鏡觀察細胞核時，發現一種可被色素染色的物質，只有在細胞進行分裂時才能因染色而被觀察到，所以將其命名為染色體。

　　（e）接著再打開染色體這個箱子，可看到被長長DNA分子緊密結實地打包成一團的**染色質**，這便是染色體的構成單位。

　　（f）染色質這個箱子中裝有幾個**核小體**，這是染色質的組成單位，由線狀DNA分子將圓形的**組織蛋白**捲在一起所形成。

　　（g）最後再打開核小體這個箱子，可看見長線狀的雙螺旋鏈分子，這正是承載著人體遺傳訊息的**DNA**分子。

5-2 基因體是什麼

人類染色體有二十三種

　　保管在細胞核之中的所有染色體，統稱為**基因體**（genome），這個名稱是由「**基因**（gene）」和「**染色體**（chromosome）」這兩個字合成而來。人類基因體是由四十六條（二十三對）長棒狀的染色體（即基因的聚合物）所組成，當中包括有以兩條為一對的**體染色體**共四十四條（二十二對），以及兩條**性染色體**（X染色體和Y染色體）。

　　人體的細胞分成**體細胞**和**生殖細胞**兩大類，其中體細胞指的是如構成皮膚、指甲、毛髮、心臟、肝臟、脾臟等組織的一般細胞，是我們生存所需。體細胞當中具有兩組（即一對）的染色體複製品，因此又被稱為**二倍體**（四十六條）。

　　另一方面，生殖細胞指的是精子及卵子，功能為繁衍後代。在人體合成體內所需蛋白質的過程中，完全使用不到生殖細胞，因為這種特殊的細胞只專門用於繁衍子孫。此外，生殖細胞當中只具有一組（二十三條）染色體的複製品，因此又被稱為**一倍體**。

　　在男性的生殖細胞（精子）當中包含了二十二條體染色體，以及一條X或Y的性染色體，加總起來正好是體細胞染色體數量的一半；換句話說，精子其實又分成帶的是X染色體、或者帶的是Y染色體這兩種。相較之下，女性的生殖細胞（卵子）當中則包含了二十二條體染色體和一條X染色體；也就是說，卵子所帶有的一定是X性染色體。

　　而為了區分這二十三種染色體，便按照其長短的順序來命名，分別稱為1號、2號、3號……23號，命名原則相當簡單。換句話說，最長的染色體就是第1號染色體、次長的為第2號染色體，一直排到最短的為第22號染色體，至於第23號染色體則是特別用來稱呼性染色體。

基因只占了人類基因體的一小部分

在人類基因體中，染色體的長度大小會隨著種類而有不同，但平均來說染色體大約都含有一億個鹼基，如果將這些鹼基直直拉開來，長度大約是三·三公分，因此可以將DNA分子想像成是一條直徑兩奈米、長度三·三公分的絲線。一般日常生活中並不會用到奈米這麼小的單位，所以講起來或許沒有太大的感覺，不過如果將DNA分子的半徑放大成一公分的話，則等比的長度就會長達三百三十公里。

此外，如果把一個細胞當中所有的DNA分子全部直直拉開來的話，總長度會達到兩公尺。人體的細胞核大小不過只有幾微米，居然可以容納長達兩公尺的絲線，實在令人驚訝。也因為如此，染色體當中必須具備一些超級緊密的結構，例如讓DNA絲線圍著**組織蛋白**捲繞的**核小體**，以及由核小體繁複纏繞而成的**染色質**。

這麼說來，難道細胞DNA上的所有鹼基都是基因嗎？其實並非如此。**基因**可說是細胞製造蛋白質時的食譜，指揮著人體蛋白質的胺基酸排序，不過其數量只占了整體DNA的百分之三；至於剩下百分之九十七的DNA並不會發揮基因的功能，但目前尚未解開這些鹼基的實際作用。

不過關於這百分之九十七的DNA，筆者個人的推測如下。說起來，人類藉由獲得比從前使用的基因更優良、效率更高的新基因，才能不斷演化而來。正因如此，人體就不再使用舊的基因，所以可以想見這些被廢棄不用的舊基因會一直累積在人類的染色體當中。那麼，為什麼人體不捨棄掉這些舊的基因呢？就像是電腦如果刪除掉不再使用的舊檔案或舊版本的軟體，就可以提高處理速度，使用起來會更順手；那麼如果生物也一樣把不要的基因捨棄掉，將細胞核內部好好整頓一番，應該對生物的存活更為有利才對。然而，這個道理並不能完全適用在生物上。

事實上，外在環境會不斷發生變化，我們根本不可能正確預測出變化的狀況。某些基因雖然在某個時間點被認定不再需要，但有可能到了另一個時間點，其功用反而對生物有利。即使面對著無法預測的環境變化，卻還依然能夠順利因應、存活下來，這正是生物的特徵；而如果無法順利因

應的話，就只能步上滅絕一途。因此，人類的祖先保存這些棄置的基因，應該就是為了能夠應付不時之需。也就是說，如果針對這些不具基因功能的DNA進行分析，或許就會是未來解開人類演化過程的重要線索，因而目前廣受學界期待。

◆❯ 人類的染色體

	體細胞		生殖細胞	
	體染色體	性染色體	體染色體	性染色體
男性	44條	X, Y	22條	X或Y
女性	44條	X, X	22條	X

人類基因體與染色體的長度

染色體長度的單位稱為Mb（Mega base），即100萬個鹼基。換句話說，第1號染色體的長度為2億5200萬個鹼基，而第22號染色體的長度則為4700萬個鹼基。

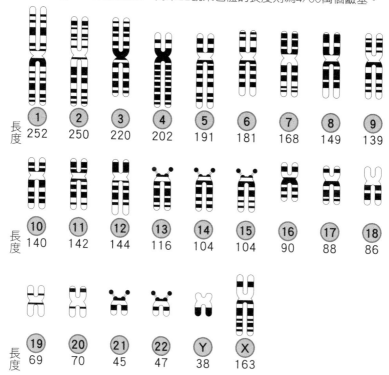

長度	① 252	② 250	③ 220	④ 202	⑤ 191	⑥ 181	⑦ 168	⑧ 149	⑨ 139
長度	⑩ 140	⑪ 142	⑫ 144	⑬ 116	⑭ 104	⑮ 104	⑯ 90	⑰ 88	⑱ 86
長度	⑲ 69	⑳ 70	㉑ 45	㉒ 47	Ⓨ 38	Ⓧ 163

DNA遺傳訊息為單向傳遞方式

DNA具有複製和轉錄的功用

　　DNA是由兩條帶狀分子互相纏繞所形成的右旋雙股螺旋結構，而當中的每一條帶狀分子（單股）則是由A、T、C、G這四種鹼基所長長排列而成。不但如此，若某一條帶狀分子上面某處的鹼基是A，則另一條帶狀分子相同位置上的鹼基就一定是T，A和T會互相配對；同樣地，鹼基中的G也一定會和C互相配對。A和T、G和C這種會互相配對的現象，稱為**鹼基配對**。人體的DNA結構一定是由兩條單鏈分子所組成，使鹼基對的配對規則能夠成立，因此只要DNA分子中其中一條單股的**序列（鹼基序列）**決定下來，另一條DNA單股的序列就會自動配對產生，此時這兩條DNA單股又稱為彼此的**互補DNA**。

　　DNA具有兩種功用：「複製」和「轉錄」。所謂的「**複製**」，是指DNA雙股產生自我複製品的過程。DNA之所以需要複製，是為了提供一副DNA給細胞分裂後所製造出的新生細胞，過程分為兩個階段。第一階段中，互相纏繞的雙股螺旋結構會有一部分解開形成兩條單股的DNA，為了達到這個目的，細胞需要一種稱為**DNA解旋酶**的酵素。接下來，針對部分已經解開成為單股的地方，再以一種稱為**DNA聚合酶**的酵素，分別將這兩條單股當做模板，以製造出兩組全新的雙股DNA。於是，原本只有一組的雙股DNA經過這段複製過程之後，就會變成兩組；換句話說，細胞透過複製DNA，讓DNA的數量增加為兩倍。

　　至於DNA另一項功能「**轉錄**」，是指細胞會製造出一條單股RNA，而且這個RNA上具有和DNA互補的鹼基序列。此時，細胞會利用一種稱為**RNA聚合酶**的酵素來進行DNA的轉錄工作。轉錄所產生的單股RNA，會將

DNA的遺傳訊息正確地複製下來；由於這種RNA上面記載著生物體最重要的遺傳訊息，因此又稱為訊息RNA（mRNA）。

遺傳訊息的傳遞順序

DNA轉錄所產生的mRNA會往細胞內部移動，最終來到**核糖體**；而說到核糖體的功用，正是將胺基酸相互連接在一起以組成蛋白質的製造工廠。mRNA會和核糖體結合在一起，並指揮胺基酸必須按照什麼順序來排列。於是胺基酸會在核糖體上一個個地依序排好，並與鄰接的胺基酸分子之間形成胜肽鍵，而完成蛋白質的製造。

如同上述，人體遺傳訊息的傳遞方式是一條「DNA→RNA→蛋白質」的單行道。一九五八年，克里克將這種現象稱為**中心法則**。然而在此之後，科學家在一種以RNA為基因的**反轉錄病毒**當中，發現了「由RNA合成DNA」的**反轉錄現象**，顯示自然界尚有極少數的遺傳訊息逆流現象。不過，反轉錄病毒畢竟只是一個例外，目前來看中心法則的基本觀念依然正確。

❥❥ DNA的功用

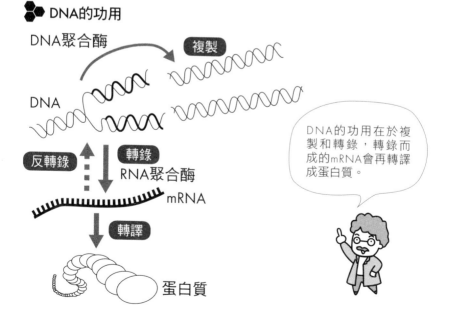

DNA聚合酶

複製

DNA

反轉錄　轉錄

RNA聚合酶

mRNA

轉譯

蛋白質

DNA的功用在於複製和轉錄，轉錄而成的mRNA會再轉譯成蛋白質。

DNA的遺傳訊息
會轉錄成mRNA

轉錄與轉譯

　　DNA上面所記載的遺傳訊息，究竟是如何**轉錄**成mRNA呢？而mRNA上的遺傳訊息，又是如何**轉譯**成蛋白質呢？DNA分子是右旋的雙螺旋結構（參見第65頁），不過這裡為了說明上的簡便起見，暫時先以直線來表示。在生化學上，DNA的鹼基序列又稱為**DNA序列**；同樣地，RNA的鹼基排列方式則稱為**RNA序列**。

　　在雙股DNA之中，有一條單股是用來合成RNA的模板，另外一條與其互補的單股則稱為「轉錄股」。以本頁圖解為例，上方的DNA單股是轉錄股，其鹼基序列是「ATGGGGCTCAGCGACGG……」，而下方的單股則為合成RNA用的模板，其鹼基序列為「TACCCCGAGTCGCT」，用以製造出互補的mRNA「AUGGGGCUCAGCGACGG……」。以上所述就是DNA的轉錄情況。附帶一提的是，在DNA的轉錄過程中，細胞不會利用到上方的轉錄股，但這條單股依舊是下方DNA單股的夥伴，兩者會形成雙股螺旋結構。

　　另外也可以發現，DNA序列中的鹼基T（胸腺嘧啶）到了RNA序列中便不存在，而是換成了U（尿嘧啶）。在化學上，由於U的分子結構和T相當類似，因此T和U都是以相同的模式與A產生鹼基對。

❖ 遺傳訊息的傳遞

| DNA | （上方的單股 DNA） ATGGGGCTCAGCGACGGGGAATGGCACTTGGTG |
| | （下方的單股 DNA） TACCCCGAGTCGCTGCCCCTTACCGTGAACCAC |

| mRNA | AUGGGGCUCAGCGACGGGGAAUGGCACUUGGUG |

| 蛋白質 | 甲硫胺酸 · 甘胺酸 · 白胺酸 · 絲胺酸 · 天門冬胺酸 · 甘胺酸…… |

細胞依照mRNA的訊息製造蛋白質

接下來，細胞會按照mRNA的指令，製造出蛋白質。在mRNA的鹼基序列中會以每三個鹼基形成一組，分別指定一種胺基酸。舉例來說，左頁圖解的mRNA序列當中，AUG這個編碼指定的是甲硫胺酸，GGG指定甘胺酸，CUC則指定白胺酸。

為了指揮蛋白質的合成，mRNA會移動至貝雷帽狀的核糖體，下方圖解畫出了mRNA在核糖體上面合成蛋白質的過程。mRNA是一種由核酸累積形成的遺傳訊息，卻會轉換出化學特性與核酸完全不同的蛋白質，這種情況就像是從一種語言翻譯成另一種語言，因此這個轉換的過程被稱為**轉譯**。

接著，對應mRNA編碼的各種胺基酸會在核糖體上面一個接著一個形成胜肽鍵而鏈結起來，最後製造出mRNA所指定的蛋白質。不過，mRNA所指定的胺基酸並不會自動來到核糖體，因此細胞為了將胺基酸運到核糖體中，準備了一種稱為**轉移RNA**（transfer RNA，tRNA）的搬運專用分子，其

❖ 核糖體上的蛋白質生成情形

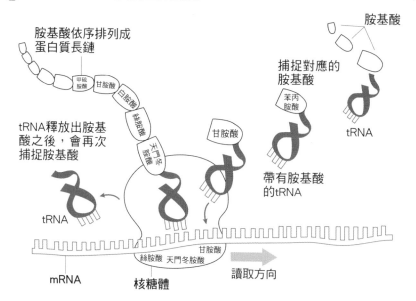

胺基酸依序排列成
蛋白質長鏈

胺基酸

捕捉對應的
胺基酸

tRNA釋放出胺基
酸之後，會再次
捕捉胺基酸

帶有胺基酸
的tRNA

mRNA

核糖體

讀取方向

英文中的「transfer」有「運送」的含意。人體中存在著各種tRNA，可以完全對應mRNA所指定的二十種胺基酸。

tRNA會按照mRNA的命令，捕捉自己所負責的胺基酸分子運到核糖體當中。而被tRNA運送來的胺基酸，會依狀況按照順序被編上1號、2號、3號到n號等號碼，再各個產生化學反應以胜肽鍵鏈結在一起。

前面提過DNA是細胞製造蛋白質時所需的食譜，而DNA當中所儲存的遺傳訊息，就像這樣透過mRNA這個媒介，在核糖體上製造出目標蛋白質。人體就是透過如此精密的蛋白質製造系統，來維持平常的生命活動。

三種RNA

由DNA轉錄而成的RNA分子，並非全部都屬於mRNA。當DNA轉錄之後，首先會產生鹼基長度相當長的未成熟RNA分子，接著這些尚未成熟的RNA分子會被核糖核酸水解酶這把剪刀切斷而變短，然後進行追加鹼基等加工作業，製造出mRNA、tRNA、rRNA這三種RNA分子。

由於mRNA是用來指定蛋白質的胺基酸序列，因此DNA上有多少基因，就有多少mRNA，此外因為蛋白質有各式各樣的大小，為了與這些蛋白質相互對應，mRNA大小的程度差異也相當廣泛。不過，mRNA的數量只占了整體RNA的百分之一左右。

tRNA是一種長度在一百個鹼基左右的小型RNA，大約占了整體RNA的百分之五。tRNA的功用是在細胞合成蛋白質時，負責將mRNA所指定的胺基酸運送至核糖體。目前已經發現人體約有四十種的tRNA，用來對應並搬運各式各樣的胺基酸。

rRNA指的是**核糖體RNA**，大約占了細胞內所有RNA的百分之九十五，會和許多蛋白質一起製造出核糖體。rRNA的長度在原核生物中可分成5S（一百二十個鹼基）、16S（一千五百個鹼基）、23S（兩千九百個鹼基）這三種，其中S是指物質在離心沉降分離時的沉降係數，會和分子大小成比例。

5-5 將鹼基序列轉換成胺基酸的遺傳密碼

解讀遺傳密碼

為了製造出蛋白質，必須要藉著由DNA轉錄而成的**mRNA序列**來指定出所需用到的各種胺基酸。人體內的胺基酸一共有二十種，但RNA卻只擁有四種鹼基就得完成指定胺基酸的任務，如此看來似乎相當地困難。不過，生物體透過字母（鹼基）的組合技巧，順利地解決了這個難題。

這裡先將RNA的四個鹼基比喻成字母來思考看看其排列組合方式。如果現在要從四個字母中任意地取出兩個字母，則可能的組合方式一共會有4×4=16種，但這樣還不足以能夠指定二十種胺基酸。因此，實際上細胞會從RNA中取出三個字母，其組合方式便有4×4×4=64種，這樣一來就可以充分利用來指定人體內的二十種胺基酸。

RNA以三個鹼基為一組（三聯體密碼）的這種鹼基組合稱為**密碼子**，而密碼子同時也是將RNA鹼基序列轉換成胺基酸序列的密碼。那麼，哪個密碼子會對應到哪個胺基酸呢？只要解開這個祕密，就可以解讀人體的**遺傳訊息**。在一九六〇年代，有一位美國國家衛生研究院（NIH）的生化學家馬歇爾·**尼倫堡**從細菌細胞中取出了DNA轉譯所需的「無細胞系統」（譯注：去除掉細胞膜後的細胞質成分，當中的胞器仍具作用可進行生化反應），當中含有核糖體、胺基酸和tRNA，並在當中添加了人工合成的RNA聚合物，之後觀察會有哪些胺基酸從系統中產生。

當尼倫堡加進一段由許多U（尿嘧啶）鍵結而成的U聚合物，結果發現所產生的胺基酸是苯丙胺酸的聚合物，由此可知UUU密碼子就是指苯丙胺酸。同樣地，加入C（胞嘧啶）聚合物的話會產生脯胺酸的聚合物，加入A（腺嘌呤）聚合物時則會製造出離胺酸的聚合物，因此可知CCC密碼子指

的是脯胺酸，而AAA密碼子則是指離胺酸。

　　另一位生於印度的生化學家高賓‧柯阮納，將AAG聚合物加入無細胞系統中，結果發現可製造出離胺酸、精胺酸、麩胺酸等胺基酸的聚合物。由此可知，AAG、AGA、GAA等密碼子就是這些胺基酸的指定編碼，隨著所使用的RNA讀取框架不同，就會產生出不同的胺基酸。

　　一九五八年，科學界發現了克里克所預測的tRNA；到了一九五九年，也證實原本已知的胞器核糖體，其功能就是蛋白質的製造工廠。不但如此，雖然需要花上很長的時間，但當時在技術方面已經可以用化學合成的方式製造出RNA。結合了這些生化知識和技術後，科學界便藉著將化學合成的密碼子與核糖體、tRNA兩者結合，以飛快的速度解讀出RNA密碼子。

　　舉例來說，像是讓UUU和UUC這兩個密碼子，與苯丙胺酸tRNA（專門運送苯丙胺酸的tRNA）在核糖體上結合，或是讓CCC和CCU與脯胺酸tRNA（專門運送脯胺酸的tRNA）在核糖體上結合，再確認製造出來的胺基酸為何。尼倫堡和柯阮納等人不斷重複這樣的實驗，終於在一九六四年完成所有密碼子的解讀工作，兩人也因為這項功績而獲得一九六八年的諾貝爾生理醫學獎。

　　在六十四種密碼子當中，有六十一種密碼子可用來指定胺基酸種類，其餘三種密碼子則不指定任何一種胺基酸，稱為**終止密碼子**。胺基酸裡的精胺酸、絲胺酸及白胺酸都可用六種不同的密碼子來指定，但平均來說，每一種胺基酸可受到三種密碼子的指定。

　　至於終止密碼子則是用來結束核糖體上的蛋白質合成過程。；此外還有一種AUG密碼子，則會啟動蛋白質的合成過程，稱為**起始密碼子**，其同時也兼具指定甲硫胺酸的功能。

小至大腸菌、大至人類的共通性遺傳密碼表

　　無論是大腸菌、植物、動物、一直到人類，遺傳密碼表幾乎在所有生物之間都有共通性。因此，只要在大腸菌、酵母菌這些絕對不會製造出人

利用人工合成RNA解讀密碼子

人工聚合物 ► AAG
以AAG為單位不斷重複鏈結。

-AAG AAG AAG AAG AAG AAG-

無細胞系統

離胺酸聚合物 ─ 離胺酸 - 離胺酸 - 離胺酸 - 離胺酸 -

　　　　AAG　AAG　　AAG　　AAG　← 細胞的解讀

╋

精胺酸聚合物 ─ 精胺酸 - 精胺酸 - 精胺酸 - 精胺酸 -

　　　　A　AGA　AGA　AGA　← 細胞的解讀

╋

麩胺酸聚合物 ─ 麩胺酸 - 麩胺酸 - 麩胺酸 -

　　　　AA　GAA　GAA　GAA　← 細胞的解讀

粒線體解讀密碼子的方式和遺傳密碼表不同

密碼子	遺傳密碼表的解讀方式	粒線體的解讀方式
AUA	異白胺酸	甲硫胺酸
AGA	精胺酸	終止
AGG	精胺酸	終止
UGA	終止	色胺酸

類蛋白質的生物體中導入人類蛋白質的指揮基因，這些生物就會按照基因的命令，製造出人類蛋白質。

　　遺傳密碼經過相當長時間的演化過程，被嚴密地保存在細胞當中。這是因為一旦密碼子發生改變，生物就會遭受到毀滅性的傷害，光是更動一個密碼子，就會讓生物製造的所有蛋白質的性質因此改變，而某些蛋白質

的變化則會造成生物的滅絕。因此，密碼子對於變化擁有相當強的抵抗能力。

部分粒線體密碼子的解讀方式不同

不過，有一些密碼子並不會依照遺傳密碼表來行事。在某種原生動物的身上，AGA和AGG不會被解讀成精胺酸，而是解讀成終止密碼子。雖然原生動物在生物的演化程度上和人類相差甚遠，不過其實連我們細胞中的粒線體，其密碼子的解讀方式也和遺傳密碼表不同，因此推測遠古時期當真核細胞從原核細胞演化而來的時候，吸收了一些其他生物成為自己的一部分，而這些部分可能就是粒線體的起源。

❖ 連接DNA序列和胺基酸的密碼表

	U		C		A		G	
U	UUU UUC	苯丙胺酸	UCU UCC UCA UCG	絲胺酸	UAU UAC	酪胺酸	UGU UGC	半胱胺酸
	UUA UUG	白胺酸			UAA UAG	終止	UGA	終止
							UGG	色胺酸
C	CUU CUC CUA CUG	白胺酸	CCU CCC CCA CCG	脯胺酸	CAU CAC	組胺酸	CGU CGC CGA CGG	精胺酸
					CAA CAG	麩醯胺酸		
A	AUU AUC AUA	異白胺酸	ACU ACC ACA ACG	蘇胺酸	AAU AAC	天門冬醯胺酸	AGU AGC	絲胺酸
	AUG	甲硫胺酸			AAA AAG	離胺酸	AGA AGG	精胺酸
G	GUU GUC GUA GUG	纈胺酸	GCU GCC GCA GCG	丙胺酸	GAU GAC	天門冬胺酸	GGU GGC GGA GGG	甘胺酸
					GAA GAG	麩胺酸		

DNA鑑定可以平反死刑犯的冤獄！

　　世界上有不少不公不義的事情，其中又以蹲在苦牢中浪費寶貴人生的冤獄，最讓人難以不落入絕望的深淵。有許多冤獄的例子都是被警察所栽贓，即使再怎麼否認，一般法庭的陪審員仍舊會倚重並採信數名目擊者的證詞而判刑。

　　無論是警察還是檢察官，身上都背負著必須趕快解決案件的壓力，而所謂的目擊者，通常也並非在案發時緊盯著事件發生經過；此外，罪行通常發生在夜晚或暗處，因此目擊者的證詞有時也相當模糊，但是這些證詞仍舊會被採用。仔細想想，這其實是相當可怕的事情。然而，無論是陪審員制度還是法官制度，都無法避免這樣的現象。

　　因此，冤獄若能獲得平反比什麼都能振奮人心，而平反冤獄的最強武器，就是DNA鑑定。於是，便有非營利組織（NPO）推動所謂的「昭雪計畫（Innocence Project，簡稱IP）」，致力於無罪受刑者的救援行動。這項計畫自一九八九年開始推動後，美國已經有多達兩百人的冤獄因為DNA鑑定而獲得平反，其中有十四人是死刑犯，大部分都是因為目擊者證詞而被判有罪。

　　在「昭雪計畫」中，包括一名服刑了二十四年的四十八歲男性亦因此獲得平反；他因一九八一年發生在美國芝加哥的綁架、對婦女施暴、偷盜等罪名而被判刑。

　　這名男性的冤獄之所以能獲得平反，關鍵就在於DNA的鑑定結果發現，被害女性的衣服上所附著的精液DNA，和這名男性的DNA並不相同。

原核細胞以及真核細胞的轉錄及轉譯方式

細胞分成原核細胞和真核細胞

在地球上生存的物種約有三千萬種，包括大腸菌、霍亂菌、杉樹、牽牛花、老鼠、狗、人類等等。不過，如果按照細胞的結構來分類的話，則所有生物都會被分成兩種，即原核生物和真核生物。

原核生物指的是由一個原核細胞所構成的**單細胞生物**。原核細胞內部並沒有細胞核，因此呈現環狀的DNA就直接存放在細胞內部。原核生物的代表性生物有細菌、藍綠藻、披衣菌等低階生物。

相對地，**真核生物**則是由具有**細胞核**的**真核細胞**大量聚集所構成，其DNA是保存在細胞核當中。包括人類在內的所有高階生物都是真核生物。

在原核細胞和真核細胞當中，DNA的**轉錄**與**轉譯**方式是完全地不同。原核細胞中所有的DNA都是基因，沒有多餘的部分，因此轉譯而成的mRNA會立刻被運送到核糖體，做為生產蛋白質的模板。換句話說，原核細胞的DNA轉錄和轉譯幾乎是在同一時間、同一個地方進行。

另一方面，構成人類及動物的真核細胞，DNA當中與生產蛋白質有關的基因只占了大約百分之三，完全無關的部分則占了百分之九十七左右。

RNA的剪接

這百分之三和蛋白質生產有關的DNA部分，被稱為**顯子**。換句話說，顯子是一種會指揮蛋白質生產的基因序列。另一方面，**隱子**雖然也是DNA序列，但卻完全不會指揮蛋白質的合成。簡單來說，人類DNA的百分之三是顯子、百分之九十七則是隱子。

人類DNA中無論是顯子還是隱子，都會先被細胞轉錄製造出尚未成熟的長長mRNA分子。這些未成熟的mRNA並無法直接利用在蛋白質的生產

上，因為其中大約百分之九十七的比例是不會指揮蛋白質合成的隱子，反而會使mRNA分子因為太長而無法被利用。

因此，細胞必須從尚未成熟的mRNA當中切掉不要的隱子，製造出成熟的mRNA才行。這項作業稱為**RNA加工**。

RNA的加工作業分成三個階段：第一階段是在未成熟的mRNA後端加上約兩百個A（腺嘌呤）聚合物，就像加上一條尾巴。第二階段是加上一個稱為「帽子」的異常鹼基，用來當做一種標記，讓mRNA可以結合在核糖體上的正確部位。第三階段則是將RNA進行切割或黏接（**RNA剪接**）。所謂的RNA剪接，就是將分散在RNA各處的顯子從隱子區域中切割出來，再將這些顯子連接在一起，製造出成熟的mRNA。真核細胞從DNA轉錄一直到RNA加工的過程，都是在細胞核內進行。

細胞的顯子切割作業十分地精確，這是因為光是切斷的部分差了一個鹼基，mRNA的讀取框架就會完全錯亂而無法製造出擁有正常功能的蛋白質，導致人類無法生存。為了避免這種情況，真核細胞會以無比的準確度進行RNA的剪接作業，以製造出可以正常運作的蛋白質。

真核細胞的蛋白質生產方式非常複雜

細胞透過RNA加工製造出成熟的mRNA，成熟的mRNA則會從細胞核移動到細胞質，並與核糖體結合。這個時候，mRNA的**帽子結構**會發揮標記的作用，讓成熟的RNA可以結合在核糖體上的正確位置，製造出蛋白質。

在大腸菌這種原核細胞中，核糖體製造出來的蛋白質完成品會直接被細胞運用；但在真核細胞中，蛋白質還需要再經過一個階段才行。簡單來說，核糖體所製造的蛋白質會被運到稱為**高基氏體**的袋狀胞器，在那裡再加上糖鏈後才算完成。世界級的生物製劑工廠中，正盛行將人類基因導入蠶、綿羊、牛等高階動物中，以大量製造出人類特有的蛋白質。這麼做的原因之一便在於，真核細胞所產生的蛋白質，必須在同樣是真核細胞中再加上糖鏈，才能發揮作用。

原核細胞與真核細胞的轉錄及轉譯

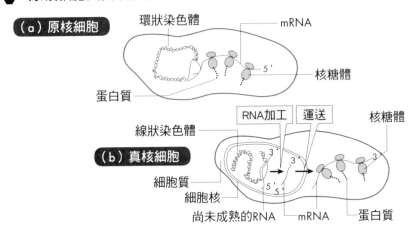

（a）原核細胞

環狀染色體
mRNA
核糖體
5′
蛋白質

（b）真核細胞

RNA加工　運送
線狀染色體
核糖體
3′
3′
細胞質
細胞核
5′
5′
尚未成熟的RNA
mRNA
蛋白質

RNA加工與蛋白質的產生

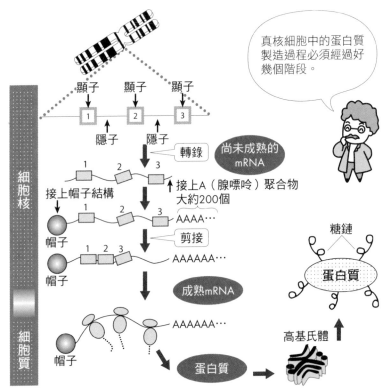

真核細胞中的蛋白質製造過程必須經過好幾個階段。

顯子　顯子　顯子
1　2　3
隱子　隱子

轉錄　尚未成熟的mRNA

細胞核

接上帽子結構
帽子
1　2　3
接上A（腺嘌呤）聚合物大約200個
AAAA…
剪接
帽子
1　2　3
AAAAAAA…

成熟mRNA

糖鏈
蛋白質

細胞質

帽子
AAAAAAA…
蛋白質
高基氏體
蛋白質

178

5-7 DNA突變雖然有害，但卻經常發生

光是一個鹼基產生突變就可能引發疾病

DNA是會產生變化的，而這些變化稱為突變，也就是DNA中的某個或多個鹼基對變成了不同種類。突變會不斷累積在基因當中，使生物逐漸演化為全新的物種，因此可說是生物演化的原動力，這是突變所帶來的好處。

凡事有好處就有壞處。突變所帶來的壞處，在於會引發癌症，因為突變會打亂了平時細胞成長及增殖的節奏，讓細胞無止盡的增殖下去，而這正是癌細胞的起因。

突變雖然有好有壞，但實際上幾乎所有的突變都對人體有害，因此為了維護身體的健康，人體必須設法將體內的突變控制在最低程度。突變的代表性例子，是單一鹼基對轉變成其他種類的鹼基對，這種現象稱為**點突變**。

點突變又可分為誤義突變、無義突變、框移突變、中性突變等四種，每一種突變的發生頻率都相當高。

這些突變所造成的影響如下。**誤義突變**是指DNA當中的一個鹼基對變成不同種類的鹼基對，使得mRNA鹼基序列有所改變，結果造成mRNA所指揮的胺基酸會不同於原本應有的種類，而製造出與原生型（原本的型態）蛋白質差了一個胺基酸的不同蛋白質（變異蛋白質）。

如果這種突變發生在血紅蛋白的 β 鏈上，由原本的GAG密碼子變成了GTG，便會造成mRNA指揮的蛋白質從麩胺酸換成纈胺酸，而引發一種稱為鐮形血球貧血症（或稱為地中海型貧血）的血液疾病，通常好發於黑人或地中海區域出身者。此外，目前也證實了某些膀胱癌的發生原因，在於指

✥ DNA經常發生的四種點突變

密碼子的編號	1	2	3	4	5	6
原生型 （正常） 密碼子	ATG 甲硫胺酸	CCT 脯胺酸	GAG 麩胺酸	GAG 麩胺酸	AAG 離胺酸	TGA 終止
（a）誤義突變	ATG 甲硫胺酸	CCT 脯胺酸	**GTG 纈胺酸**	GAG 麩胺酸	AAG 離胺酸	TGA 終止
（b）無義突變	ATG 甲硫胺酸	CCT 脯胺酸	GAG 麩胺酸	GAG 麩胺酸	**TAG 終止**	

▼遺失一個G

	1	2	3	4	5	6
（c）框移突變	ATG 甲硫胺酸	CCT 脯胺酸	**AGG 精胺酸**	**AGA 精胺酸**	**AGT 絲胺酸**	GA…
（d）中性突變	ATG 甲硫胺酸	CCT 脯胺酸	**GAA** 麩胺酸	GAG 麩胺酸	AAG 離胺酸	TGA 終止

定為甘胺酸的GGG密碼子，變成了指定纈胺酸的GTG密碼子。由此可見，光是一個鹼基的突變，就可能引發嚴重的疾病。

至於**無義突變**，則會讓指揮胺基酸的密碼子變成**終止密碼子**，因此製造出無法發揮功用的短小蛋白質。這些無用的蛋白質雖然會被人體分解掉，不會引發其他問題，但所有耗費在生產及分解蛋白質的能量都白白損失掉。

日本橫濱市立大學大野茂男等人的研究團隊，發現了細胞具備一種機制，可以分解掉因無義突變所產生的短小RNA。簡單來說，當DNA轉錄出mRNA之後，核糖體會檢查mRNA的鹼基序列是否正確，如果檢查出發生了無義突變、亦即mRNA中混進了終止密碼子，就會在生產蛋白質前將這些mRNA給破壞掉。過去核糖體一直被認為只是蛋白質的製造工廠，卻還肩負著檢查mRNA的重責，令人驚訝。

細胞透過核糖體檢查mRNA

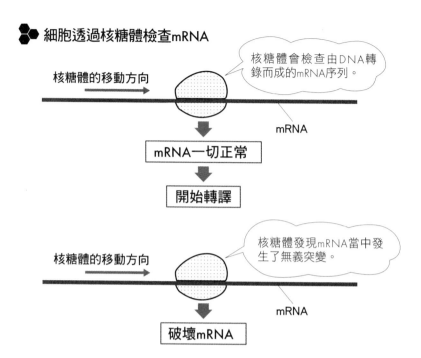

基因從母細胞複製到子細胞

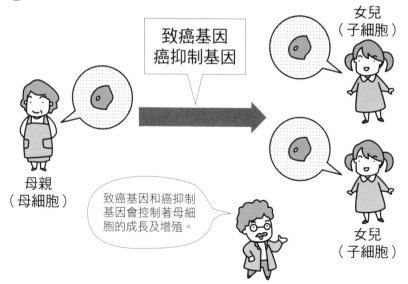

而所謂的**框移突變**，是指DNA當中多混入了一個鹼基或遺失了一個鹼基，造成mRNA的讀取框架因此錯亂。對細胞來說，框移突變會帶來致命性的不利影響，因為mRNA從讀取框架錯亂的地方開始就會導入與原本完全不同的胺基酸，製造出完全不同的蛋白質。

最後的**中性突變**，則是指一個鹼基對變成與原來不同的鹼基對，但所指揮的胺基酸卻完全不變的情況。例如就算GAG密碼子變成了GAA密碼子，所指定的胺基酸仍舊是麩胺酸。因此，就算mRNA發生了中性突變，也不會對細胞帶來實際的危害。

突變是癌細胞的產生原因

如果用開車來比喻細胞的成長和增殖，應該比較容易理解。就像汽車有油門和剎車一樣，細胞的成長和增殖現象也有類似的機制，其中**致癌基因**（正確說法是「原致癌基因」，本書中簡稱為致癌基因）就像是汽車的油門。在英文中，致癌基因「oncogene」的「onco」有「癌」的意思。

「致癌基因」這個名稱很容易讓人誤以為「就是這個基因讓人得到癌症」，但實際上，致癌基因具有讓正常細胞成長及增殖的重要功能，是細胞不可或缺的基因；不過一旦因基因突變而失去控制，就會不斷送出讓細胞成長及增殖的訊號，讓正常細胞轉變成癌細胞。

另一方面，**癌抑制基因**就像是汽車的剎車。這種基因正如其名，能夠抑制癌症發生，只要它可以正常運作，就算致癌基因的功能受到破壞，也不至於引發癌症。

就像這樣，因為有致癌基因才能使細胞順利地成長和增殖；而多虧有癌抑制基因，正常細胞才不會變成癌細胞。

然而，一旦致癌基因和癌抑制基因都發生突變，無法發揮原本的功用，細胞就會偏離原本成長及增殖的正確道路，一路奔向癌症的發病之路。

突變是癌症發病的重要原因之一，所以癌症可說是一種基因的疾病。

5-8 DNA突變與癌症

DNA修復酶可以預防突變

為了建立有效的對策來預防DNA的突變，最重要的是先知道突變為什麼發生，而原因可分為內在與外在因素。

引發突變的內在因素，是DNA複製時發生了錯誤。當一個**母細胞**逐漸成長而分裂成兩個**子細胞**前，必須先複製DNA，而這項工作會透過**DNA聚合酶**以相當高的精確度進行，但在極少數情況下也會發生錯誤。這樣的機率有多大呢？DNA每一次複製會產生出約三十億個新的鹼基對，其中約有三個鹼基對會發生錯誤。換句話說在十億次的複製中，DNA聚合酶有九億九千九百九十九萬九千九百九十九次都能正確複製出DNA，只有僅僅一次會發生錯誤。

細胞複製DNA的正確度相當驚人，但每次細胞分裂都可能會發生三次複製錯誤也是不爭的事實；這些錯誤可說是細胞本質上的問題，就算我們個人再怎麼努力或注意，也不可能減少錯誤發生。不過，通常這些錯誤會被一種稱為**DNA修復酶**的酵素所修正，只要這種酵素正常地運作，人體健康就不會有危害。

引發突變的外在因素

引發突變的外在因素（突變原），則普遍存在於食品、食品添加物、香菸、酒類、藥品、環境污染物質等等，當中又可以再分成化學性、物理性與生物性三大類。

所謂**化學性的突變原**，是指人體暴露於苯并芘（譯注：存在汽機車廢氣、菸草及木材燃燒產生的煤焦油中，是香菸的主要致癌物）、石棉、黃麴毒素、戴奧辛等突變原物質。

至於**物理性的突變原**，則是指人體暴露於X光、伽瑪射線、紫外線、輻射線等電磁波。當X光或伽瑪射線照射人體時，DNA會接收到一個電子使其單股逐漸被切斷；此外若人體照射到紫外線，DNA上相鄰的胸腺嘧啶之間就會產生化學反應而結合在一起，形成**胸腺嘧啶二聚物**。

DNA上一旦產生胸腺嘧啶二聚物，這個地方就會開始扭曲變形，變得容易使鹼基形成「**配對錯**

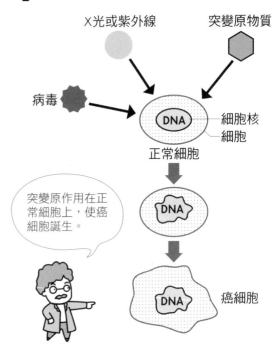

癌細胞的產生方式

X光或紫外線

突變原物質

病毒

DNA —— 細胞核
—— 細胞

正常細胞

突變原作用在正常細胞上，使癌細胞誕生。

DNA

DNA 癌細胞

誤」的狀況（例如形成A和G的鹼基對，而不是A和T鹼基對），而取代原來正確的鹼基對，這正是造成點突變的原因之一。

還有一種**生物性的突變原**，指的是人體感染了B型或C型肝炎病毒（肝癌）、人類乳突病毒（子宮頸癌）、人類白血病病毒（白血病）等腫瘤病毒。

接著來看看癌症發病的原因和過程。前面所提到的突變原進入細胞後，會撞擊到細胞核內的DNA，使基因受損。如果人體可以順利修復這些損傷，就不會引發突變；但要是無法順利修復損傷的話，細胞就會直接複製到受損的DNA，使新生細胞的基因發生突變。

如果突變是發生在控制細胞成長及增殖的基因上，細胞就會開始無限地成長及增殖，造成細胞癌化。

5-9 DNA損傷的修復機制

應用廣泛的DNA切除修復機制

DNA受損時必須盡快修復才行，其中細胞最常運用的是一種稱為**切除修復**的修復方式，這在包含細菌及人類在內的所有生物都是共通性的生存策略。

切除修復這項工作的主角是稱為**DNA切斷酶**（修復酶）的酵素，應用範圍相當廣泛。例如人體若曬了過多陽光，就會因紫外線（UV）而產生**胸腺嘧啶二聚物**，DNA切斷酶除了能夠修復這項DNA損傷外，還可以修復烷基化試劑所造成的鹼基損傷，以及苯并芘、甲基苯并蒽等多環芳香烴化合物與腺嘌呤或鳥糞嘌呤之間結合所造成的DNA損傷。

有一種稱為**色素性乾皮症**的遺傳性疾病，因患者體內的DNA切斷酶具有先天性的缺陷，使患者對陽光異常敏感，因此皮膚癌的發病機率相當高。

這裡就以胸腺嘧啶二聚物的修復為例，來看看DNA切斷酶是怎麼進行**DNA損傷修復**的機制。

第一步：透過陽光或紫外線的照射，DNA會產生胸腺嘧啶二聚物，造成DNA變形扭曲。DNA切斷酶會在DNA附近巡視，而能發現產生扭曲的地方。由於DNA切斷酶的作用，DNA所受到的紫外線損傷會逐漸修復，因此DNA切斷酶本身及其控制基因又被稱為**Uvr酵素**和**Uvr基因**（譯注：Urv意指「抵擋紫外線」）。

第二步：發現了DNA產生扭曲後，Uvr酵素會立刻和這個地方結合在一起，然後在受傷的DNA單股上插入兩個**鏈裂**，將受損部分從DNA中切斷。Uvr酵素所切斷的DNA長度一定是十二個鹼基，就像事先用尺量好一樣地精確。

DNA受損的修復機制

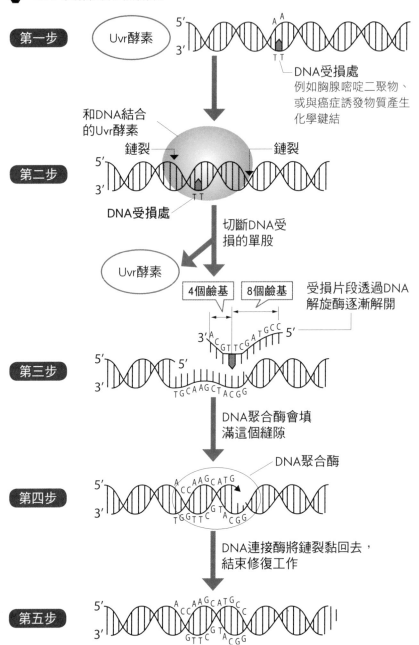

第一步

Uvr酵素

5'
3'

A A

T T

DNA受損處
例如胸腺嘧啶二聚物、
或與癌症誘發物質產生
化學鍵結

和DNA結合
的Uvr酵素

鏈裂　　　　　　　　　鏈裂

第二步

5'
3'

T T

DNA受損處

切斷DNA受
損的單股

Uvr酵素

4個鹼基　8個鹼基

受損片段透過DNA
解旋酶逐漸解開

3' A C G T T C G A T G C C 5'

第三步

5'
3'

T G C A A G C T A C G G

DNA聚合酶會填
滿這個縫隙

DNA聚合酶

第四步

5'
3'

A C C A A G C A T G
T G G T T C G T A C G G

DNA連接酶將鏈裂黏回去，
結束修復工作

第五步

5'
3'

A C C A A G C A T G C C
G T T C G T A C G G

186

第三步：頭尾兩端插入兩個鏈裂的十二個鹼基，必須離開另一半完好的DNA單股才行；但由於DNA雙股互相緊緊纏繞在一起，並不容易分開，此時就要由**DNA解旋酶**將捲在一起的DNA慢慢解開。當十二個鹼基隨著旋繞的DNA雙股一起被解開之後，就能輕易與另一半完好的DNA單股分開。

第四步：由於被切掉了十二個鹼基，此時DNA會出現這個長度的單股空隙，細胞必須以正確的鹼基序列再次填滿這個空隙才行，而負責這項工作的則是**DNA聚合酶**。這種酵素會以另一半沒受傷的DNA單股為模板，重新製造出被切掉的十二個鹼基。

第五步：接著，全新的十二個鹼基必須與空下來的DNA單股黏接起來，這時就要由**DNA連接酶**負責這項工作。如此一來，細胞便能藉著運用以上五個步驟，完美地修復因受損而看似遺失的DNA遺傳訊息。

p53會命令細胞自殺

細胞當中有一種稱為p53的**特殊抑癌蛋白**，可說是人體負責管理DNA受損程度的司令部。「p53」這個名字的「p」源自於英文「蛋白質（protein）」的字首，「53」則是指這個蛋白質的分子量為五萬三千。p53會視DNA的受損程度，判斷是要修理、抑或不修理而直接命令細胞自殺，其存在就猶如「**DNA的守護神**」一般。而在人體的抑癌基因中，最著名的便是負責指揮細胞製造出p53的p53基因。

當p53判斷為「可以修理」的情況，通常是DNA受損的比例少且程度較輕微。另一方面，p53判斷為「不要修理、讓細胞自殺」的情況，則是DNA受損的部分太多以致無法完全修復，此時身為司令部的p53便會下令這些細胞自殺，而非親自殺死細胞。像這樣細胞自殺的現象稱為**細胞凋亡**。

當正常細胞癌化且不斷增殖時，就會危害到生物個體的生存；相較之下，若能讓細胞在變成癌細胞之前就死去，顯然對生物個體比較有利。因此，只要管理DNA受損程度的司令部能正常運作，就算DNA受到損傷，細胞癌化的可能性也很低。司令部的判斷力會決定生物個體的生死，這一點可說是生物和人類社會之間的共通處。

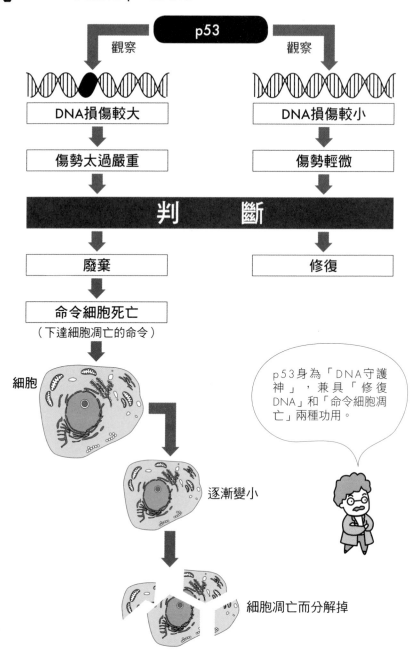

「DNA守護神」p53的功用

p53

観察 観察

DNA損傷較大 DNA損傷較小

傷勢太過嚴重 傷勢輕微

判　　　斷

廢棄 修復

命令細胞死亡
（下達細胞凋亡的命令）

細胞

逐漸變小

細胞凋亡而分解掉

p53身為「DNA守護神」，兼具「修復DNA」和「命令細胞凋亡」兩種功用。

　　然而，要是p53這個重要的司令部功能毀壞，或體內天生就欠缺這個司令部，細胞又會變成什麼樣子呢？可想而知，就是當DNA受損時，修復系統並不會自動運作；不但如此，因為無法由p53下達細胞凋亡的命令，細胞便會繼續複製受損的DNA、引發更多的基因突變，然後將這些不正常的DNA分配到新生細胞中，最終發展成癌細胞。

　　研究結果發現，超過半數以上的癌症患者，其DNA上的p53基因都有異常，因此大部分的癌症基因治療方法都是將正常p53基因導入患者體內，以取代異常的p53基因。

再怎麼操作基因，也無法同時達到防癌與長壽的效果

　　如果可以提升p53這個DNA守護神的作用，是否就不容易得到癌症呢？二〇〇二年，美國貝勒醫學院的研究團隊製作出了體內可大量產生p53的變種小鼠，並將相關研究成果發表在學術期刊《自然》上。

　　結果可說合乎眾人的期待：跟一般小鼠相比，變種小鼠罹患癌症的機率明顯下降。但是，在這一則好消息的同時卻也有不好的消息，變種小鼠比起一般小鼠的平均壽命不但少了兩成左右，體重和肌肉含量也比較少，因此容易脊椎彎曲與骨折，受傷的恢復速度也比較慢。

　　變種小鼠雖然不容易得到癌症，體質反而變得虛弱。為什麼會出現這種現象呢？說起來p53的功能是讓DNA受損的細胞停止分裂，好讓細胞趁這段時間修復；如果受損情形太過嚴重的話，則命令細胞自殺，避免細胞癌化。

　　那麼，為什麼變種小鼠的體質會變得虛弱呢？事實上，人體中含有許多尚未分化的幹細胞，會逐漸分化成特定細胞以補充皮膚或骨骼等組織，因此推測一旦p53的作用太過活躍，可能會影響到幹細胞的分裂，讓變種小鼠變得虛弱。

　　照這樣看來，人類目前暫時還無法靠著基因的操作，同時達到防癌和長壽的目的。現階段看來，正確的飲食、適度的運動、心情放輕鬆、積極參與社會等四種方式，便是防癌及長壽的祕訣。

透過DNA鑑定判別C型肝炎病毒（HCV）的類型

C型肝炎是因感染C型肝炎病毒（HCV）所引發的疾病，根據估計，在日本就有兩百四十萬名患者。這種疾病的特徵在於一旦長期感染，就會形成慢性疾病，從肝硬化逐漸演變至肝癌。目前（時間點為初版的二〇〇七年）C型肝炎在治療上主要採用干擾素（IFN）和抗病毒劑三唑核苷的併用療法，已確認有明顯療效，其中三成病患體內的病毒會完全消失，病情可獲得根治。

就算沒有完全根治，也有高達五成的患者可改善症狀；但也有一些完全無效的例子，占了整體的百分之十五。併用療法之所以無效，主要是基於病毒DNA鹼基序列的「類型」不同。

干擾素是一種強效的藥品，但副作用也相當強，在日本每個月的藥品費用還高達七萬日幣，對病患的身心來說都是很大的負擔，因此若干擾素對病患無效的話，就不該採用來治療。日本虎之門醫院的研究團隊發現C型肝炎病毒的基因只要有兩處出現突變，干擾素就無法發揮治療效果。

到目前（二〇〇七年十二月）為止，患者還是必須持續使用干擾素長達一年，才知道是否能發揮療效，因此能否透過「採集患者血液以研究其體內C型肝炎病毒的DNA、判別出病毒類型」，再選出最有效的治療方式，便是未來研發上的重點方向。

（編按：現在已經知道C型肝炎病毒共有六種主要基因型：1～6（Type 1a、1b、2a、2b、2c、3a、4a、5a、6a），能以基因型檢驗來確定感染的是哪一型的C型肝炎病毒並加以治療。此外，比起擁有強烈副作用的干擾素，現在多改為採用沒有明顯副作用且治癒率達90%以上的免干擾素口服新藥（DAAs））

破壞DNA的活性氧與保護DNA的抗氧化物

活性氧會使DNA受損

　　沒有了氧，人類只能存活五分鐘，不過，氧視情況也會是一種有毒物質。有毒的氧稱為**活性氧**，指的其實是超氧化物和自由基，其中**超氧化物**是氧分子被紫外線（UV）或X光等電磁波照射後所產生的物質；至於**自由基**，則是超氧化物溶於人體的水分當中所產生的物質，例如羥基自由基（‧OH）、氧化羥基自由基（‧OOH）、氫原子自由基（‧H）等等。

　　超氧化物和自由基這些活性氧物質會與DNA產生化學反應，對DNA造成損傷。如果人體將這些損傷完全修復，就不會有影響；不過，如果這些損傷殘留了下來，就有可能引發DNA的突變。

　　一般最為人熟悉的活性氧產生來源有電磁波、空氣汙染、抽菸等，但其實負責生物體內防禦工作的免疫系統、以及粒線體當中的代謝活動，也都會產生大量活性氧。換句話說，只要人活著的一天，就無法完全消除體內活性氧的產生。

　　目前已經知道了幾種活性氧損害DNA的機制。舉例來說，活性氧會和DNA中的鳥糞嘌呤發生反應，產生**8-羥基鳥糞嘌呤**，如果細胞在這些損傷修復前就直接複製DNA，則新生DNA就會出現突變。目前已發現抽菸除了會增加肺癌、胃癌、腎臟癌、直腸癌的罹患機率，同時也會有8-羥基鳥糞嘌呤累積在患者尿液或精液中；此外，這時甚至連抑癌蛋白p53也會產生鳥糞嘌呤（G）變成胸腺嘧啶（T）的點突變（G→T）。

　　不過，研究已經證實如果多攝取黃綠色蔬菜可以減少尿液中8-羥基鳥糞嘌呤的含量，由此亦發現了黃綠色蔬菜中含有所謂的抗氧化，會捕捉體內的活性氧物質。

抗氧化物會分解活性氧

　　為了防止活性氧對DNA造成損傷，人體可以靠著**抗氧化物**來消除活性氧。抗氧化物會提供電子給活性氧，防止活性氧從生化物質中偷走電子，換句話說就是以犧牲小我的方式，幫助預防DNA、蛋白質、細胞膜等生化物質發生氧化反應。代表性的抗氧化物包括了超氧化物歧化酶（SOD）、維生素A、維生素C、維生素E、類黃酮、β胡蘿蔔素、茄紅素等等。

　　茄紅素是一種色素，在番茄和鮭魚中含量豐富，因此像番茄與鮭魚的

❖ DNA損傷的產生

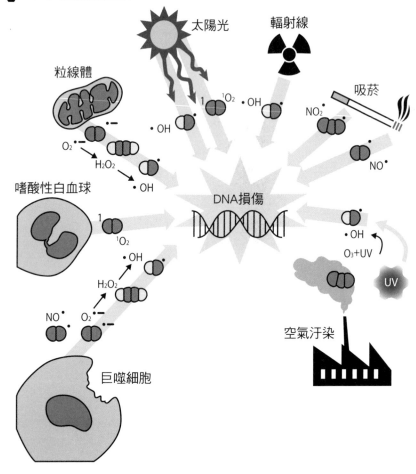

紅色都是因為含有茄紅素的緣故。茄紅素的抗氧化作用大約是 β 胡蘿蔔素的十倍，無論動物實驗或人體臨床試驗都已確認其具有抗癌作用。**類黃酮**中包含了兒茶素、花青素等物質，抗氧化作用比維生素C和維生素E還要高，一般茶品中含有大量兒茶素，花青素則大量含在葡萄皮中。

超氧化物歧化酶（SOD） 會將超氧化物分解成過氧化氫和氧氣，接著過氧化氫又會被**過氧化氫酶**分解成氧氣和水。SOD的活性部位必須要有銅原子才能發揮作用，而過氧化氫酶在作用時則需要鐵原子。

在紅血球當中有一種可將過氧化氫分解成氧氣和水的酵素，稱為**穀胱甘肽過氧化酶**。這種酵素最有趣的地方，在於其成分中含有一個稱為**硒半胱胺酸**的異常胺基酸，這種胺基酸是半胱胺酸中的硫原子被硒原子取代後所形成。

實驗結果發現，如果在被電磁波照射的細胞中加入**硒**，就可以妨礙細胞癌化的過程。依據推測，由於硒會提高穀胱甘肽過氧化酶的功用，加速分解體內的活性氧，因此可以達到防癌效果。

❖ 免疫學所觀察到的抗氧化物防癌例子

維生素E
一旦血清中的維生素E減少，肺癌、結腸癌、胃癌、乳癌、子宮頸癌的發生率就會提高。
如果從營養補充劑攝取維生素E，可以減少扁桃腺癌和食道癌的發生。

β 胡蘿蔔素
健康且不吸菸的人，如果攝取含有大量 β 胡蘿蔔素的水果或蔬菜，可以降低罹患肺癌、乳癌、子宮頸癌、食道癌、胃癌的風險。

維生素C
若減少維生素C的攝取量，就會提高喉頭癌、食道癌、胃癌的發生機率。
維生素C最大的功用在預防胃癌，據推測這可能是因為維生素C能還原體內亞硝胺物質的緣故。

硒
血清中硒濃度的減少，是結腸癌、乳癌、卵巢癌、前列腺癌、肺癌（男性）、膀胱癌、皮膚癌的高風險因子。
根據芬蘭的研究，硒和維生素E攝取量低的女性罹患乳癌的機率比一般高。

受遺傳密碼指揮的第二十一和第二十二個胺基酸

在一般的生化學常識中，蛋白質是由二十種胺基酸所組成，但其實除此之外，細胞還會利用羥脯胺酸、硒半胱胺酸、吡咯賴胺酸等異常胺基酸來組成蛋白質。

結締組織中不可或缺的膠原蛋白，其組成成分正是羥脯胺酸，但人體中並沒有特定的密碼子用來指揮羥脯胺酸的生成，而是在蛋白質轉譯結束後，利用羥化酶將一般的脯胺酸轉換成羥脯胺酸。

至於硒半胱胺酸，則是人類紅血球中穀胱甘肽過氧化酶的構成成分，但人體中也沒有特別用來指定生成硒半胱胺酸的密碼子，當蛋白質轉譯結束後，半胱胺酸中的硫醇基（—SH）會被硒醇基（—SeH）所取代，形成硒半胱胺酸。

相較之下，細菌細胞中就有用來指揮硒半胱胺酸的特殊密碼子UGA，這在普通細胞中原是用為終止密碼子。一般幾乎所有mRNA都是直線狀，不過細菌細胞中會有極少數mRNA出現特殊的構造，這種情況下UGA便不會被解讀成終止密碼子，而會將tRNA所捕捉的絲胺酸轉換成硒半胱胺酸，再由tRNA送到核糖體來導入至蛋白質當中。也就是說，硒半胱胺酸可說是由遺傳密碼所指揮的第二十一個胺基酸。

有一種居住在淡水湖底的甲烷菌，擁有一種稱為甲胺甲基轉移酶的酵素，當中就含有吡咯賴胺酸這種異常胺基酸。二〇〇二年，美國俄亥俄州立大學的微生物學家約瑟夫・利薩奇和生化學家陳博文，在學術期刊《科學》上發表了這個由遺傳密碼所指揮的第二十二種胺基酸，其功用是讓甲烷菌能從甲胺中製造出甲烷。

在甲烷菌當中，UGA也不會被解讀成終止密碼子，而是讓tRNA將吡咯賴胺酸搬運到核糖體，導入至蛋白質當中。由此看來，在湖底、海底或火山近區，似乎居住著許多超出人類常識的生物。

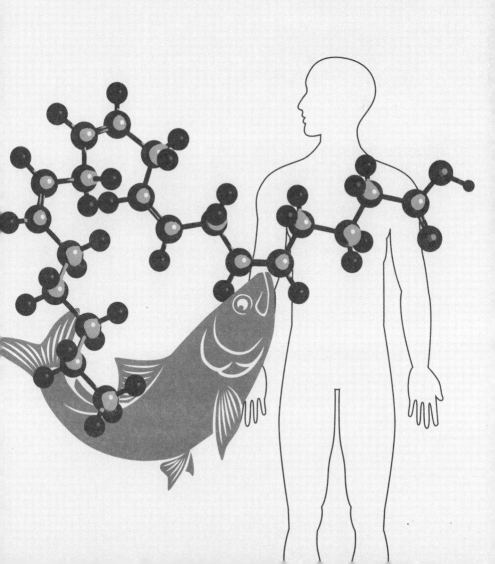

第 **6** 章
人體不可或缺的水

水讓人能夠存活

人體約百分之六十都是水分

　　水（H_2O）是由兩個氫原子和一個氧原子結合而成的單純小分子，經過冷卻就會結冰，在室溫下則呈現如雨水、地下水等液體，加熱後又會轉換成氣體，例如水滾時的水蒸氣。水分子的特徵正是能隨著環境條件自由自在地變換姿態，而且水不僅是地球上含量最豐富的物質，同時也和生物生存所須的化學反應息息相關。

　　人類只要好好補充體內所需的水分和鹽分，就算沒有攝取三大營養素或維生素，仍然可以持續生存長達幾十天。

　　所有人類的生命活動都和水息息相關，因此水分占了人體體重的百分之五十到百分之六十，不過人體中各個組織的含水量不盡相同，其中又以含水百分之九十的血清（除去纖維蛋白原等凝血因子後的血液液體成分）為最多，含量最少的則是牙齒，約含百分之十五。

　　體脂肪是一種具有疏水性、不太親近水的組織，因此含水量只有百分之二十到百分之三十而已。另外，骨骼雖然總被認為是一種「堅硬的無機物質」，但當中也含有百分之二十二的水分，和體脂肪大約相同。

男性和肥胖者水分含量較豐富

　　在新生兒的體內，水分大約占了全身體重的百分之七十五，隨著嬰兒不斷成長則會不斷減少，到了長大成人之後，男性體內的水分含量約為百分之六十，女性則約為百分之五十。

　　為什麼男性體內會比女性蓄積更多水分呢？關鍵就在於男女**體脂肪**的含量差異。脂肪是一種油類，所以具有疏水性，而水分也具有疏油性。換

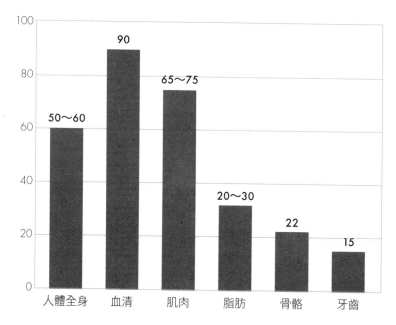

成人體內各種組織的水分比例（％）

句話說，人體當中如果含有許多脂肪，含水量就會減少。

　　男性和女性在身體結構上有許多差異，其中體脂肪含量正是差異最大的項目之一，女性的體脂肪占全身體重的百分之二十五，男性則為百分之十五。因此，若同樣體重為六十公斤的男女，女性身上的體脂肪有十五公斤，男性則只有九公斤。簡單來說，女性身上的脂肪比男性較多，因此水分會比男性少；相較之下，男性身上的脂肪較少，而水分就比較多。

　　接著來比較一下瘦子和肥胖者體內的水分。主要成分為蛋白質的肌肉組織，當中含水量占了百分之六十五到百分之七十五，但脂肪的水分比例卻只有百分之二十到百分之三十。體型瘦長或肌肉較多的人，全身當中含水量較低的脂肪占得比較少，含水量較高的肌肉組織則比較多；相較之下，肥胖者身上含水量高的肌肉組織比較少，但擁有比較多水分比例低的脂肪，因此瘦子體內的水分含量會比肥胖者來得豐富。

6-2　人體的水分可分成兩種

細胞內液與細胞外液

　　人體細胞之間有許多間隙，其中細胞內部的水分稱為**細胞內液**，細胞外側的水分則稱為**細胞外液**，而一般所稱的「體液」則是指細胞外液的部分。

　　舉例來說，水分占了成人全身的百分之六十，因此一個體重六十公斤的成年人體內含有三十六公升的水分（體重的百分之六十），其中有二十二・三公升是細胞內液（占水分的百分之六十二），剩下十三・七公升則是細胞內液（占水分的百分之三十八）；又細胞外液中有百分之二十五（即三・四公升）是**血漿**。所謂的血漿是血液除去紅血球、白血球、血小板等固體成分後所剩下的液體成分，當中含有纖維蛋白原；而若將血漿除去了纖維蛋白原，就是所謂的血清。

　　細胞內液可說是細胞獨立維生所需的必要水分。另一方面，細胞外液則包括血漿、**組織間液**（如膝蓋或手肘等關節的潤滑液）、淋巴液、唾液、淚液、腸內液體、來自腎臟或皮膚的汗液等等。

　　細胞內液和細胞外液的離子濃度是不同的，例如細胞內液中含量最多的陽離子為鉀離子，其次是鈉離子和鎂離子。

🔷 每公升海水和血漿中所含的礦物質毫克數

離子種類	海水中的濃度 （單位：mg／L）	人體血液中的濃度 （單位：mg／L）
鈉	11,500	3,300
鉀	380	170
鈣	400	100
鎂	1,270	22

人體當中含有細胞內液和細胞外液（體液）

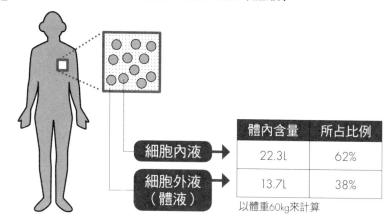

	體內含量	所占比例
細胞內液	22.3L	62%
細胞外液（體液）	13.7L	38%

以體重60kg來計算

至於細胞外液代表例的血漿，含量最多的陽離子則為鈉離子，其次是鉀離子、鈣離子和鎂離子。

左頁圖解整理了海水和血漿的礦物質濃度，兩者大致說來其實非常相似，看過這份比較表後，或許更可以理解「海洋是生命起源」的這種說法其來有自。

水分在體內的功用

水分在人體內具有三項功用：搬運營養素和老化廢棄物、抑制體溫上升、擔任具潤滑劑功用的組織間液。

水分的第一項功用是搬運營養素和老化廢棄物。水攜帶著人體所需的營養素，同時將老化廢棄物運出到體外。老化廢棄物包括了細胞在營養素代謝過程中產生的二氧化碳等氣體，以及尿素、尿酸等固體物質。

以二氧化碳來說，在人體中會從組織表面散出而溶於水中，再由血液運送到肺部，然後被吐到外界去。無論是二氧化碳或營養素代謝後的老化廢棄物，都會先溶在水中，最終再隨著尿液、糞便、汗液一起排泄至體外。便秘之所以對身體不好，就是因為體內殘留著原本應該排泄出去的老

化廢棄物或有害物質的緣故。

　　水分的第二項功用，是利用水分子的高比熱及高汽化熱等特性，達到抑制體溫上升的效果。由於水的比熱係數高，就算吸收大量熱能也只會上升一點點溫度，因此就算人體中產生了大量的熱量，體溫也不會跟著一直上升。

　　在人體中最能有效降低體溫的生理機制，就是利用水的汽化熱所引發的**出汗**現象。例如從事激烈運動時，體內會產生大量的熱能，使**體溫**上升，像是馬拉松選手的深層體溫，有時甚至會超過攝氏四十一度。然而，一旦腦部的溫度超過攝氏四十二度，神經細胞就會開始壞死，若體溫降不下來就會危及生命。因此，體內的水分便有相當重要的調節作用。

　　在人體腦部的下視丘有個負責控制體溫的司令部，稱為**體溫調節中樞**，身體各處的溫度感應神經所偵測到的溫度情報，都會匯集到這個地方。當體溫超出體溫調節中樞所設定的基準值時，人體就會刺激汗腺促使出汗。當人體流汗時，汗液會從皮膚蒸發，使體熱化為水的**汽化熱**（譯注：物質從液體變氣體時的所需熱量）而散失，體溫便會下降。

　　如果有一百毫升的水分從人體蒸發，人體就會散失五十八大卡的汽化熱。另一方面，由於人體的比熱係數是〇‧八三，一個體重七十公斤的人其熱容量（譯注：使物體溫度升高攝氏一度的所需熱量）便是$0.83 \times 70 = 58.1$大卡，和前面提到的汽化熱數值幾乎相同。換句話說，要是一個七十公斤的人流了一百毫升的汗液，則當汗液蒸發後，體溫就會下降一度。

　　水分的第三項功用，是做為充填在組織之間的組織間液，發揮潤滑劑的作用。無論是走路、慢跑、轉頭還是活動手腳，都會使相鄰的骨頭在關節附近跟著動作而轉動，因此理論上骨頭間應該會互相摩擦，導致磨損。不過實際上，由於關節之間所含的組織間液具有潤滑劑的功用，使得骨頭不會因此受損。

6-3 水分的歲入與歲出會維持平衡

成人每天需要二‧三公升的水分

水分在人體中的功用相當重要，所以要是體內含水量發生劇烈變化就麻煩了，因此進入到人體內的水分（歲出）必須和排泄到體外的水分多寡（歲入）一樣才行。

這裡就來看看人體水分的歲出與歲入。假設一個體重六十公斤的成年人住在不過熱也不過冷的舒適地方，過著普通的生活，則這個人每天需要補充二‧三公升的水分；從另一個角度來看，這個人每天也會從身體散失二‧三公升的水分，如此體內的水分才能長期維持平衡。不過，若從短時間內的狀況來看，水分的歲出常常都會超出歲入。當從事激烈運動或是洗三溫暖時，會流出大量汗水，讓人體暫時處於水分不足的狀態，此時便會因喉嚨乾燥而口渴，這個現象正是體內水分不足的警報，提醒我們要大量喝水，補充失去的水分，讓因為大量出汗而失去的水分平衡回復原狀。

通常待在三溫暖裡一段時間後，每分鐘會流出大約三十公克的汗水，過了三十分鐘體重就會減少將近一公斤。聽起來三溫暖似乎是個瘦身的好方式，不過此時減少的體重其實只是體內散失水分的重量，當為了潤喉而喝水以後，就會立刻恢復原來的體重。因此如果想要瘦身的話，只能從減少體脂肪下手，透過適度的運動並減少食量（即減少攝取的卡路里），才能健康瘦身。

從飲料中必須補充一‧一公升的水分

一般日常生活中，每天並不會喝到二‧三公升那麼多的水，不夠的水分歲入便會另外由食物和身體代謝而來。首先看看源自食物的水分，成人

每天大約會從食物中攝取九百毫升的水分，而依據食物種類不同，當中的水分含量也不盡相同，例如水果或蔬菜便含有大量水分，總重量有百分之九十都是水；另外，巧克力、披薩、花生奶油等脂肪含量較多的食品，當中的水分就只占總重量的百分之四十到五十，含量相當少。

接著再看看源自飲水的水分。一般成人每天從飲水中攝取的水分大約是一‧一公升，但當做完激烈運動或洗完三溫暖後因為口渴的關係，甚至會喝下三至六公升的飲水；此外在大太陽底下走路時，也很容易感到口渴而想多喝水。

這裡就介紹一個長途慢跑者橫跨沙漠的故事，由此來看看這個慢跑者需要消耗多麼大量的水分。從美國洛杉磯前往賭博勝地拉斯維加斯時，途中會經過一個名為死亡谷的沙漠。這個沙漠中雖然有著筆直的寬廣道路，但幾乎沒有車輛通行，因此打算開車行經這裡的話一定要準備好足夠的飲水，如果一時大意忘了準備，又不巧遇到車子拋錨，可能就會直奔另一個世界了——「死亡谷」這個名字正是由此而來。

有一名年輕男性，在這個炎熱的死亡谷中停留了兩天，花了十七個小時橫跨整片沙漠，他在過程中一邊在途中的休息站取用飲料，一邊跑完了大約八十八公里的路程完成挑戰。到達終點以後，這名男子一路上攝取的飲料總量約有十四公升，相當於十四公斤的重量，因此他的體重應該要比長跑前增加十四公斤才對；然而，他的體重不但沒有增加，實際上反而還減輕了一‧四公斤。

這名男子在沙漠中連續跑了八十八公里，因此消耗了大量的能量，而這些能量來自於飲料當中的營養素，以及原本就累積在體內的醣類或脂肪等營養素。男子在途中所喝的大約十四公升的水分，主要都以汗水排泄出去；但話說回來，人體攝取了這麼大量的水分，體重卻幾乎沒有變化，實在令人驚訝。

人體最後一項水的歲入，是來自於身體的代謝，成人每天可透過身體代謝獲得約三百二十毫升的水分。當營養素在體內代謝、產生能量的同時，也會產生二氧化碳和水，而隨著營養素種類（也就是所吃的食物）的

◆▶ 人體水分每日的歲入及歲出

a）處於舒適氣溫及少許運動

來源	毫升
食物	900
飲料	1100
代謝	300
總計	2300

每天的水分歲出

來源	毫升
尿液	1130
糞便	90
皮膚	760
口鼻	320
總計	2300

水分的歲入與歲出
維持平衡狀態

b）炎熱的氣溫及激烈的運動

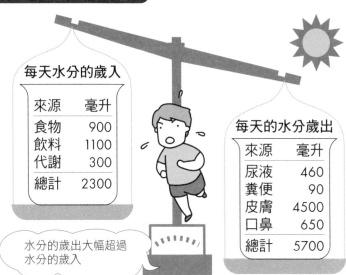

每天水分的歲入

來源	毫升
食物	900
飲料	1100
代謝	300
總計	2300

每天的水分歲出

來源	毫升
尿液	460
糞便	90
皮膚	4500
口鼻	650
總計	5700

水分的歲出大幅超過
水分的歲入

不同，產生的二氧化碳和水分含量也不盡相同。

舉例來說，當一百毫克的醣類完全燃燒之後，只會產生五十五毫升的水分，不過若是蛋白質則可以產生一百毫升的水分；而在三大營養素中，以脂質代謝產生的一百零七毫升為最多。

水分的歲出包括尿液、糞便、汗液及水蒸氣

在平靜狀態下，成人每天的水分散失量約為二・三公升，與一般的水分歲入量達到平衡。不過當從事激烈運動時，由於會流出大量汗水，因此一天的水分散失量會高達五・七公升，造成體內有三・四公升的水分不足量，這些不足的部分就必須靠喝水、喝茶、喝果汁等飲料來補充。

水分從人體排出的主要途徑，包括尿液、糞便、皮膚汗液、口鼻吐出的水蒸氣等四種。

人的尿液中有百分之九十五都是水分。正常人的腎臟每天會製造出一百八十公升的原尿，但人體並不會排出這麼大量的尿液，因為其中的百分之九十九會再被吸收回腎臟，剩下不到百分之一的原尿（約一・一公升）才會以尿液排出體外；而在有運動的狀況下，一日排尿量又會再減少至一半，約為四百六十毫公升。

透過排便，人體每天會失去約九十毫升的水分。不過若有持續拉肚子或嘔吐等現象，損失的水分就會高達一・五公升到五公升，此時若不再補充就會出現脫水症狀。

在人體皮膚底下，具有兩百萬到三百萬個用於排汗的特殊腺體（**汗腺**），在平靜狀態下，每日流汗量只有七百六十毫升左右，若從事激烈的運動就會一口氣提高到四至五公升。

人從鼻子或嘴巴吐氣的時候，也會散失水分。我們平常不會留意到這樣的水分散失，但人體每天會因此失去約三百二十毫升的水分。特別是從事運動時，由於體溫的上升會讓水分蒸發旺盛，就會有約六百五十毫升的水分散失到空氣中，比平靜狀態高出兩倍。像是籃球或足球運動員，當他們氣喘吁吁時，每分鐘就蒸發了約三・五毫升的水分，相當驚人。

6-4 流汗後要好好補充水分和礦物質

運動前十到二十分鐘先喝五百毫升的水

當從事運動、活動全身時，都會汗流浹背，此時便會為了滋潤乾渴的喉嚨而喝水。透過喝水，人體才得以維持一定的血液含量；而血液含量之所以必須維持在一定的範圍，是因為這樣血液循環與出汗現象才能隨時維持在最佳狀態。

只要運動流了汗，人體就必須補充水分，不過若能提早在運動前就先喝水，其實是一種比較有效的水分補充方式，透過事先補充水分就可以預防脫水，還可以增加運動過程中的流汗量，讓體溫上升幅度較為緩和。

那麼，要在運動前多久喝水、又要喝多少水呢？具體來說，運動開始前的十到二十分鐘左右，可以先喝下約五百毫升的水，這樣就非常足夠了。不過，就算已經做好事先喝水的準備，也並非在運動中就不用補充水分，因為事前的準備只是預防措施，運動過程中還是要記得好好補充水分才行。

在作者還是國中生的一九七〇年代時，學校的教法是「流汗會造成疲勞，所以運動中不要喝水」，相較於前面所介紹「運動中要補充水分」的觀念，就更能實際體會到隨著生化學和運動醫學的研究進展，許多常識也不斷在改變。

當水分從體內大量流失時，人體為了讓血液濃度維持在一定範圍，必須將鹽分和礦物質隨著尿液排泄掉，但這樣人體就無法維持正常機能，因此必須設法避免身體出現脫水現象。

不僅如此，一旦出現脫水現象，除了苦於喉嚨乾燥之外，嘴唇和舌頭也會開始乾裂，因此人體立刻就會察覺到狀況不佳。此時如果還不補充水

分的話，心跳和呼吸就會不斷加速，開始陷入頭暈、混亂、甚至是意識不清的狀態。為了不落到這種地步，好好補充水分和礦物質都相當地重要。

喝溫開水最好

我們的身體有百分之六十都是水分，因此水分可說是維持生命不可或缺的物質。水分在人體內最重要的功用，就是將體內製造的廢棄物排出體外，以提高身體機能，讓人維持高昂的活力。

除此之外，為了維持人體既有的機能，還必須將體內排出的水分量再從外部補充進來才行。

既然水分如此重要，怎麼樣的補充方式比較好呢？喝水時為了盡量減少對人體的刺激，最好選擇飲用不過熱也不過冷的溫開水，也不要在吃飯時或飯後立刻大口喝水，因為這麼做會沖淡胃部的消化酵素，妨礙到消化吸收作用。那麼，什麼時候補充溫開水會比較好呢？

首先，在每天早上剛起床準備開始看報前，先立刻喝下一杯水，接著才去拿報紙，重點是要在剛從床上或被窩中起來，趁著還空腹時就要趕快喝杯水來調整腸胃的狀態。此外，三餐之間也要記得時時補充水分。

體內水分含量不足時，人體就會發出「口渴」的訊息，不過最好不要等到出現這種訊息才開始喝水，而是要更積極預防，在口渴前就先補充水分。

一般或許會認為白開水沒有味道，而咖啡、茶、可樂、果汁等比較好喝，所以喜歡以這些飲料來補充水分，但問題在於究竟是喝白開水比較好、還是喝飲料比較好。

只要仔細想想水分在人體中扮演的角色就會知道，人體所偏好的應該是溶解物質能力較高的水分，而像咖啡、茶、可樂、果汁等飲料，當中已經溶入了糖分或香料等物質，因此在溶解老化廢棄物的能力上自然比不過白開水。因此，喝白開水才是最好的選擇。雖然市面上也販賣著其他各式各樣的健康飲料，但是對身體來說，最健康的仍是白開水。

第 7 章

不含基因的病原體
——普里昂蛋白

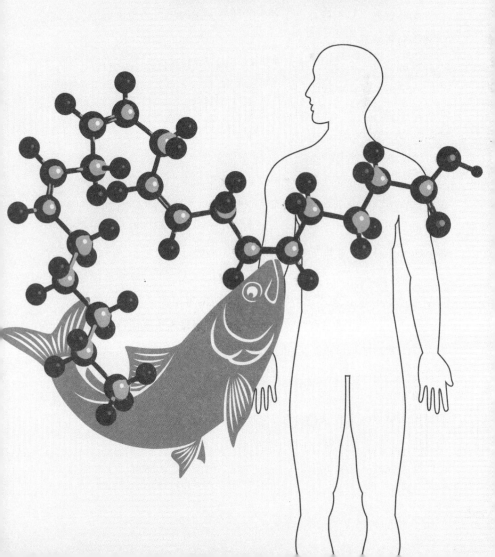

慢性病毒症使腦部變成海綿狀

羊搔症與庫魯症

患者感染了病原體後經過數年突然發病而死，這種恐怖的疾病在過去稱為**慢性病毒（遲發性病毒）症**。當患者感染了慢性病毒，腦部在發病後會變得充滿許多空泡（空洞），並喪失運動機能而倒地不起，逐漸死去。像這種因腦部充滿許多空泡而死亡的疾病，稱為**海綿狀腦病**。

慢性病毒症的代表性疾病，包括了發生在羊身上的羊搔症、人類的庫魯症及庫賈氏症。**羊搔症**會讓羊隻的腦部出現空泡、變成海綿狀，而出現運動失調的症狀導致無法站立，最終邁向死亡。

庫魯症好發於新幾內亞東部高地的原住民富雷族人身上，特徵是患者腦部（尤其小腦）會變成海綿狀，導致手腳無法正常活動，最後出現全身發抖的症狀，而且只要發病就一定會死亡。富雷族每年約有三千人會罹患庫魯症，占總人口三十萬人的百分之一；而在發病者當中，成年女性和小孩占絕大多數，但卻幾乎不會發生在成年男性身上。

美國國家衛生研究所（NIH）的研究員卡爾頓・伽杜塞，在新幾內亞東部當地持續相關研究，他直覺認為，庫魯症的病因應該與富雷族的食人習慣有關；換句話說，伽杜塞判斷庫魯症的病原體會潛伏在患者腦中，一旦被食用就會使吃下的人感染，而富雷族人的食人習慣又是以女性為中心進行。

為了證明這項推測，伽杜塞在一九六三年九月從一名死於庫魯症的富雷族少年取出一部分的腦組織，再接種到黑猩猩身上；兩年後的一九六五年六月，這隻黑猩猩身上出現了和病死少年完全相同的症狀。

不但如此，伽杜塞檢驗了黑猩猩的遺體，發現黑猩猩和少年的腦部狀

慢性病毒（遲發性病毒）症的代表性疾病

	宿主	初期症狀	發病年齡	患病期間
羊搔症	羊	在樹木或柱子上摩擦身體	3～4歲	2～3個月
庫魯症	人	運動機能衰退	成人女性及小孩居多	3～6個月
庫賈氏症	人	精神障礙	～65歲	4～6個月

況相似得幾乎毫無區別，因此證實庫魯症是一種由腦中某種病原體所引發的傳染病。之後，他以這項慢性病毒傳染病的研究成果，獲得了一九七六年的諾貝爾醫學獎。

庫魯症的病原體究竟來自何處呢？關於這個問題目前有兩派學說。有一說認為病原體應該來自富雷族外部，因族人吃了被普里昂蛋白汙染的動物才被傳染；不過，被污染的動物為何又是另一個謎團，而且也引發了另一個新的問題，即感染這些動物的病原體來自於何處？目前此學說仍無法解答這個問題。

另一說則認為，某富雷族人身上出現了基因突變，因此誕生出「變異性普里昂蛋白」這種庫魯症的病原體。

關於哪一派學說才是對的，無法實際透過實驗來證明；也說不定這兩派學說都不對，而是富雷族從事食人行為、烹煮死者腦部時，誕生了庫魯症這種絕症的病原體。

一般來說，腦部和心臟、肺臟、腎臟等臟器一樣都是人體器官之一，但腦部又特別被人視為和一般的臟器不同，尤其是人類的腦部會創造出欲望、感情、理智等心靈活動，是人體中特殊的部位，因此大多數民族都不敢將之烹煮食用。

先不管病原體的詳細來源為何，從某個時候開始，富雷族人身上就帶有庫魯症的病原體──變異性普里昂蛋白，之後隨著食人的習慣在部落內擴散開來、深深扎根，讓悲劇接二連三發生。不過，這項悲劇透過澳洲政府的正確判斷與協助，終於獲得解決。一九五七年，澳洲政府指導富雷族

人停止吃人肉的習俗，同時傳授栽種咖啡的技術，讓富雷族人順利以栽種咖啡做為維生的事業。

在高峰時期，富雷族某個總人口三萬人的部落當中，每年就有兩百一十人死於庫魯症；但到了一九五七年左右，死亡人數已下降至每年四十人。吃人肉的習俗消失後，庫魯症也實際減少，由此證明了庫魯症確實是透過腦中的病原體造成人與人之間的感染。

庫賈氏症的特徵

一九二〇年代，德國的漢斯・庫茲菲德及阿爾馮斯・賈克發現了所謂的**庫賈氏症**。這種病症和庫魯症非常相似，都會侵犯患者腦部，引發癡呆症狀。

庫賈氏症的特徵是到了高齡才會發病（患者平均發病年齡約為六十五歲），沒有年輕的發病者，且男女患者比例相當，發病機率也相當低（一百萬人中僅一人發病），並且患者大致平均分布於全球各地。

症狀是會變得健忘，感情也變得起伏激烈，例如無緣無故地哭泣、大笑、生氣等等，說話方式也會改變，讓人聽不清楚說話的內容，此外動作會變得僵硬，全身上下無法使力。通常出現這些症狀，主治醫師都會先懷疑是否得了癡呆症、阿茲海默症或腦瘤。

罹患庫賈氏症進入中期後，會無法將食物順利送入口中而潑灑出來，此外亦有肌肉發生痙攣、走路時突然跌倒、無法自己排尿或排便等狀況。到了末期，患者無法識字也無法對話，甚至連親人都不認識，叫喚他也不會有回應，但會不斷地症狀發作以及痙攣。之後，患者會在幾乎處於植物人的狀態下逐漸死去。

庫賈氏症開始發病後，病情惡化的速度便相當快，幾個月內就會死亡，這一點和感染後過了十年才會引發愛滋病的HIV病毒（人類免疫不全症病毒）相當類似。正因如此，早年科學家才會誤以為庫賈氏症的病原體是一種慢性病毒（遲發性病毒），認為感染後會在人類宿主身上慢慢增殖而引發病症。

7-2 慢性病毒症的病因其實是普里昂蛋白

普西納的驚人主張

一九八二年，美國加州大學舊金山分校（UCSF）的史坦利・**普西納**突然提出一項驚人的主張：**慢性病毒症**的病原體，其實是一種具有感染性的特殊蛋白質，稱為「**普里昂蛋白**」。聽到這個主張的研究者都大感不可置信，因為這個主張完全背離了當時的學界常識。

在此之前，醫學界與生物學界普遍認為所有傳染病都是由微生物等病原體先感染宿主，之後不斷複製增殖，造成宿主發病；並且這些身為病原體的微生物上，存在有DNA或RNA等核酸構成的遺傳基因。普西納的普里昂蛋白學說則認為，慢性病毒症的病原體是無法自行複製的蛋白質，這在當時可說是超級前衛的主張。果不其然，其他研究者根本無視於普西納的主張。不過，當普西納獲得了一九九七年的諾貝爾醫學生理學獎之後，便由谷底翻身，他的學說逐漸得到許多研究者的認同。

那麼，普西納是如何發現慢性病毒症的病原體呢？為了找出病原體的真面目，普西納抽出了死於慢性病毒症的動物腦部物質，按照分子大小分類之後，再將這些物質接種到健康的動物身上，觀察有哪些物質會讓動物發病。一九七五年，普西納將感染了**羊搔症**的倉鼠腦部成分，接種到其他健康的倉鼠身上，觀察牠們是否因此受到感染，結果發現某個分子量在三萬三千到三萬五千的物質具有很強的感染性。普西納原本預測這個具有強力感染性的東西應該會含有DNA或RNA等遺傳物質，不過無論再怎麼拚命找，卻一直無法從中找到核酸（DNA和RNA的成分）。在此之前，科學界還沒發現過完全不含核酸的病原體，於是普西納推測，如果這些病原體真的不含DNA或RNA，則將其經過核酸分解處理後，應該還是會保有原本的感染力。

事實上普西納的實驗結果也發現，就算照射了會讓核酸突變的紫外線，或是添加可分解核酸的酵素（核酸酶），這個物質的感染力卻完全沒有降低，由此可知這種病原體中並不含有核酸。不但如此，這種病原體還是僅由某一種蛋白質所構成。一九八二年，普西納發表了研究論文，將這種蛋白質命名為普里昂蛋白，之後更成功分離出由兩百五十三個胺基酸所構成的普里昂蛋白，其分子量為三萬三千。

普西納利用倉鼠或小鼠進行實驗，發現比起將感染力最強的部分混進食物中，若直接接種在動物腦內，則羊搔症的發病機率會更高，而且更快速。

普里昂疾病的發生過程

羊搔症、庫魯症、庫賈氏症等疾病，都是以普里昂蛋白這種蛋白質為病原體，一旦感染到羊或人身上，就會引發傳染性疾病。換句話說，普里昂蛋白才是這些慢性病毒症的病因，因此現在這些疾病被統稱為「**普里昂疾病**」。

從普里昂疾病這個名稱看來，或許會以為「只要腦中有普里昂蛋白，就一定會引發普里昂疾病」，但這是一個天大的誤解。

在普西納證實了普里昂蛋白的存在後，普里昂蛋白被發現又分成正常型和變異型兩種。在健康動物的細胞膜上只存在著**正常普里昂蛋白**，不過在罹患普里昂疾病的動物身上，卻會同時發現正常型和變異型兩種普里昂蛋白，而當中的**變異性普里昂蛋白**才是真正的病因。

關於普里昂疾病的發病機制，目前普遍認同的說法如下。首先，病原體變異性普里昂蛋白會從體外侵入腦中，接著將腦中原本的正常普里昂蛋白變成跟自己一模一樣的變異型，使得數量逐漸增加，並且持續將腦中剩下的正常普里昂蛋白都變成變異型，不斷地進行複製與增殖。之後，這些聚集在一起的變異性普里昂蛋白會形成纖維狀結構，使腦細胞因被壓迫而死亡，造成腦部結構逐漸變成海綿狀，而產生**海綿狀腦病**。

正常普里昂蛋白和變異性普里昂蛋白的胺基酸序列完全相同，只有分

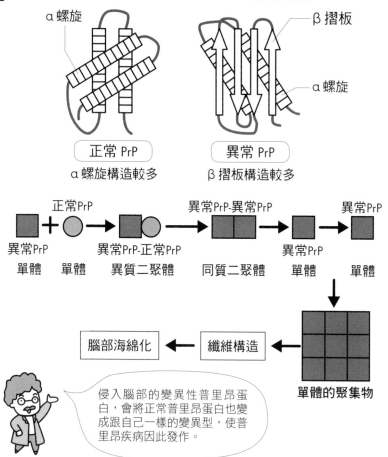

普里昂疾病中，蛋白質（PrP）立體結構的改變

α 螺旋

β 摺板

α 螺旋

正常 PrP
α 螺旋構造較多

異常 PrP
β 摺板構造較多

正常PrP

異常PrP-異常PrP

異常PrP

異常PrP
單體

單體

異常PrP-正常PrP
異質二聚體

正常PrP

同質二聚體

異常PrP
單體

單體

單體的聚集物

腦部海綿化 ← 纖維構造 ←

> 侵入腦部的變異性普里昂蛋白，會將正常普里昂蛋白也變成跟自己一樣的變異型，使普里昂疾病因此發作。

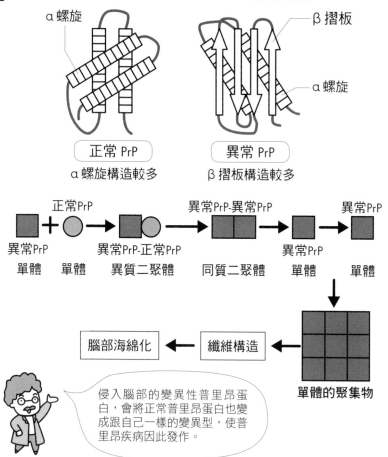

子的形狀（立體結構）有所差異。分子形狀在化學界專門用語上稱為「構形」，因此像是羊搔病、庫魯症、庫賈氏症等普里昂疾病，以及阿茲海默症、帕金氏症等疾病，於近日也開始被稱為「**構形病**」。

當患者腦中累積的變異性普里昂蛋白含量超過一定的限度後，普里昂疾病就會發作。目前已經得知，普里昂疾病從感染到發病之所以會花上許多年，正是因為變異性普里昂蛋白需要時間在腦中慢慢累積。

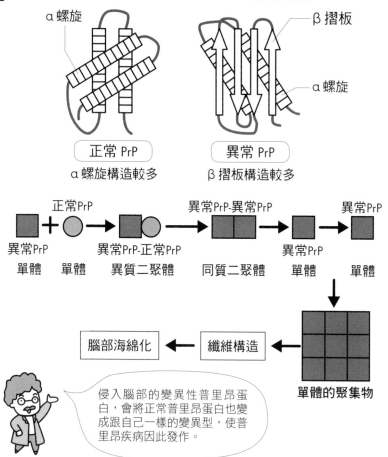

7-3 由牛傳染至人的狂牛症

突然肆虐的狂牛症

一九八五年四月，英國東南部肯特郡的普魯藍登・瑪納牧場發現罹患奇怪疾病的牛隻，一些平時脾氣溫和的母牛步伐變得搖搖晃晃，並且會衝撞其他牛隻。匆忙趕到的獸醫雖然暫時控制住狀況，但牛隻走路搖搖晃晃的情況不但沒有改善，反而持續惡化下去，牧場只好宰殺了這些母牛。

過去脾氣溫和的母牛，一夕之間性情變得狂暴，然後逐漸衰弱致死，乍看之下似乎像是突然發狂而亡。這種牛類疾病可說前所未見，但是這令人不解的現象不過只是往後悲劇的序曲。

英國農業部獸醫學中央研究所的研究團隊，著手調查了這些牛隻所罹患的奇怪疾病，但解剖了死去的病牛，卻沒發現內臟有什麼異常。然而，當以電子顯微鏡觀察了死去病牛的腦部，卻發現當中出現無數的空泡，整個腦部結構就像是塊海綿。

一九八七年十月，研究人員將這種牛隻新興疾病命名為「**牛海綿狀腦病（BSE）**」，而新聞媒體則由於這種疾病會讓平時溫和的牛隻發狂般地作亂，便開始稱這種疾病為「**狂牛症**」。

英國境內狂牛症的發病數以指數般的速率不斷成長，一九八六年有十七頭，一九八七年有四百四十六頭，一九八八年有兩千五百一十四頭，一九八九年則有七千兩百二十八頭。在最高峰的一九九二年到一九九三年，狂牛症發作的病牛總共超過了三萬五千頭；而到二〇〇一年為止，英國約有十八萬頭牛隻罹患狂牛症。在一九九〇年代，狂牛病甚至跨過多佛海峽，從英國島內傳到歐洲大陸；到二〇〇一年底，英國以外的其他國家共有兩千七百八十四頭牛隻罹患狂牛症。

一九九三年到一九九六年間，英國出現了十名罹患了**庫賈氏症**的年輕

人，當中包括三名十幾歲的少年少女。不過，一般庫賈氏症的平均發病年齡約為六十五歲，幾乎沒有年輕族群的病例，卻在短短三年內就出現了十位年輕患者，顯然是一種異常情況。醫學界將這些病例稱為**新型庫賈氏症**（或**變異型庫賈氏症**）。

新型庫賈氏症病患

人類一旦感染狂牛症，就會引發「新型庫賈氏症」這種致死性的海綿狀腦症。而英國境內罹患狂牛症的病牛亦突破了十八萬頭，世界上十七國的病牛總數則高達十九萬頭。

今後還會出現多少新型庫賈氏症的犧牲者呢？約至二〇〇七年為止的患者人數，在英國有一百〇六人、愛爾蘭有一人、法國有五人，合計世界各國的病患總數為一百一十二人，就新型傳染病的死亡人數來看其實不算嚴重。

不過並不能就此安心，因為光是只有一公克的少量病原體進入人體內，就很容易感染到新型庫賈氏症。不但如此，目前也還無法確定有多少人吃進了多少狂牛症病牛，而且推測新型庫賈氏症的潛伏期間長達十年以上，因此今後應該還會陸續出現發病患者。

變異性普里昂蛋白從羊隻而來

話說回來，狂牛症的變異性普里昂蛋白究竟來自何處呢？一九八五年以前，世界上並未發現所謂的狂牛症，因此首先值得懷疑的，是牛隻可能感染了羊搔症病羊身上的變異性普里昂蛋白。一九八七年，英國獸醫學研究所的約翰・**威爾史密斯**提出了這個**羊隻起源說**，幾乎所有研究者均表贊同，筆者本身亦贊同這種說法。

不過另一個問題是，病羊的變異性普里昂蛋白又是從何而來呢？這種狀況就像是剝洋蔥皮一樣，追問下去便沒完沒了，不過目前仍普遍認為病源來自於羊隻。換句話說，有可能是羊隻體細胞基因的鹼基序列發生了突變，而造成變異性普里昂蛋白的出現。

狂牛症的病原體是不死之身

某些種類的變異性普里昂蛋白可耐高溫

狂牛症病原體的變異性普里昂蛋白和一般致病微生物不同，就算經過消毒處理、殺菌處理、滅菌釜（高壓滅菌鍋）處理、照射紫外線、烹調等處理方式，也無法破壞其結構，而且就算把死於狂牛症的病牛屍體埋進土裡經過數年，變異性普里昂蛋白的致病性依舊不減。

此外，感染了狂牛症的牛隻即使被屠宰分解，再經過加熱製作成肉骨粉，被其他牛隻吃進體內後，變異性普里昂蛋白的致病性依舊存在，並會讓吃下肉骨粉的牛隻罹患狂牛症。而若狂牛症病牛被製作成牛排或漢堡吃進人體裡，就算遇到強酸的胃液（pH=1），依舊不會被破壞。

實驗結果發現，羊搔症的病原體即使經過三十分鐘的煮沸、兩個月的冷凍保存、經過福馬林、酚類、氯仿等有機溶劑的處理、甚至照射紫外線都無法被破壞，簡直是不死之身。

羊搔症和狂牛症的病原體，基本上都是變異性普里昂蛋白，這些特別的蛋白質並不會被蛋白質分解酶所分解，相當具威脅性。不但如此，變異性普里昂蛋白還有一些變種，就算經過攝氏一百三十二度的肉骨粉熬煉處理（製作肉骨粉時的加熱過程）依舊能存活；甚至有些種類的變異性普里昂蛋白，連攝氏三百一十五度的高溫都無法破壞。

為了完全破壞這些特別耐命的變異性普里昂蛋白，必須用攝氏五百五十度以上的高溫焚化處理，或是以氫氧化鈉溶液處理才行，因此與狂牛症病牛接觸過的牛隻，幾乎都會被送去焚化處理。

不過，狂牛症的興起也可說是一個契機，讓我們以更嚴格的標準重新檢視食物的安全性。

7-5 含狂牛症病原體的部位

不可食用牛隻身上的特定危險部位

人若吃了狂牛症病原體所累積的部位就會因此感染,並且發生新型庫賈氏症。

這樣說來,牛隻身上有哪些是不可食用的危險部位呢?換句話說,要看看在狂牛症病牛的身上,有哪些地方會大量累積病原體(變異性普里昂蛋白)。

世界動物衛生組織(OIE)和歐洲醫藥品管理局都各自發表了有關牛肉風險程度的評估標準,但兩者內容其實大同小異。

在世界動物衛生組織的發表報告中,牛的腦部、眼球、脊髓及迴腸末端等四個部位,是最容易累積變異性普里昂蛋白的地方,日本厚生勞動省也依此訂定了「特定危險部位」。

另一方面,歐洲醫藥品管理局則將牛肉風險程度分為四類:風險最高的是「腦部、脊髓、眼睛」;中度風險的部位包括「迴腸末端、淋巴結、結腸近端、脾臟、腦部硬膜、胎盤、腎上腺」;風險程度較低的部位包括「結腸末端、鼻腔黏膜、末梢神經、骨髓、肝臟、肺臟、胰臟、胸腺組織」。

至於不含病原體的安全部位,則包括「心臟、腎臟、乳腺、乳汁、卵巢、血清、骨骼肌、睪丸、甲狀腺、子宮、骨骼、軟骨、結締組織、毛髮、皮膚」等部位。

話說回來,有許多人自認為是肉食老饕,特別偏好大小腸等牛隻內臟,但大小腸部位含有風險較高的迴腸末端,食用時一定要特別小心。

為何只有特定危險部位藏有病原體

為什麼狂牛症的病原體只會累積在腦部、眼睛、脊髓、迴腸末端等四個部位，肌肉或牛奶等地方卻不會累積呢？這個問題目前仍原因不明，不過推測變異性普里昂蛋白的累積程度，可能與細胞壽命長短有很大關係。

由外部侵入體內的變異性普里昂蛋白，會與正常普里昂蛋白黏著在一起，將其逐漸轉變成自己的同類，這個過程通常需花上數年。由於腦部和脊髓等處的神經細胞壽命相當長，因此有足夠的時間產生異變。不過，肌肉組織大約每個月就會更換新細胞，因此變異性普里昂蛋白在累積足夠發病量之前，就會因老舊肌肉細胞壽命殆盡而跟著被破壞掉。

牛隻的「特定危險部位」只要吃下就可能使人罹患新型庫賈氏症，因此絕對不能當做市面上流通的食用肉。因此自二〇〇一年十月十八日起，日本厚生勞動省立法要求業者在解體牛隻時，無論牛隻是否感染狂牛症，都必須將這四處高風險部位焚化處理。

◆▶ 歐洲醫藥品管理局的評估標準將牛肉的風險程度分為四類

風險最高的部位	腦部、脊髓、眼睛
中風險部位	迴腸末端、淋巴腺、結腸近端、脾臟、腦部硬膜、胎盤、腎上腺
低風險部位	結腸末端、鼻腔黏膜、末梢神經、骨髓、肝臟、肺臟、胰臟、胸腺組織
不含病原體的安全部位	心臟、腎臟、乳腺、乳汁、卵巢、血清、骨骼肌、睪丸、甲狀腺、子宮、骨骼、軟骨、結締組織、毛髮、皮膚

正常普里昂蛋白可抑制阿茲海默症？

正常普里昂蛋白普遍存在於脊椎動物的腦部，平時會附著在神經細胞的細胞膜上。一旦牛隻罹患狂牛症，腦內的正常普里昂蛋白就會改變結構，轉變成變異性普里昂蛋白，而形成纖維狀物質產生沉澱，讓腦細胞被壓迫致死。因此，腦細胞會逐漸剝落，使腦部出現海綿狀的空洞。

普里昂疾病是否就是因為正常普里昂蛋白失去原本的功用而造成呢？為了解開這個問題，瑞士的研究團隊製作了腦內無法製造出正常普里昂蛋白的基因剔除鼠，結果發現在飼育過程中，這些小白鼠的壽命並不比一般小白鼠短（平均壽命兩年），而且就算上了年紀，也沒有出現什麼特殊的神經症狀。

因此，目前仍不清楚正常普里昂蛋白的功用。不過二○○七年，英國里茲大學尼格爾‧霍伯等人的研究團隊在一流學術期刊《美國國家科學研究院學報》發表了論文，其中推測人類體內的正常普里昂蛋白可能會抑制阿茲海默症的發作。

目前已知阿茲海默症的病因是類澱粉蛋白，其形成方式是因為類澱粉前驅蛋白（APP）被一種稱為 β 分泌酶的酵素給切斷而造成。該研究團隊製作出體內可產生大量正常普里昂蛋白的基因剔除鼠，結果發現小白鼠體內 β 分泌酶的功能會受到妨礙，而阻斷類澱粉蛋白的形成。

另外，該研究團隊也製作出體內無法產生正常普里昂蛋白的基因剔除鼠，結果發現其腦中的類澱粉蛋白累積量明顯增加。

由此可推測，正常普里昂蛋白的功用可能是抑制阿茲海默症的發作，或是對抗一般認為會引發阿茲海默症或其他神經退化性疾病的氧化壓力，以保護腦部正常機能。

如果未來能夠設計出抑制 β 分泌酶的物質來阻斷類澱粉蛋白的形成，或許可用為治療阿茲海默症的特效藥，十分令人期待。

221

國家圖書館出版品預行編目資料

圖解生化學更新版 / 生田哲著；洪悅慈譯 . – 修訂二版 . – 臺北市：易博
士文化，城邦事業股份有限公司出版：英屬蓋曼群島商家庭傳媒股份有
限公司城邦分公司發行, 2024.07
　　面；　公分
　　譯自：ゼロからのサイエンス よくわかる生化学
　　ISBN 978-986-480-379-8(平裝)

1.CST: 生物化學

399　　　　　　　　　　　　　　　　　　　　113007139

DK0124

圖解生化學【更新版】

原 著 書 名／ゼロからのサイエンス よくわかる生化学
原 出 版 社／日本實業出版社
作　　　者／生田哲
譯　　　者／洪悅慈
選 書 人／蕭麗媛
執 行 編 輯／蔡曼莉、呂舒峮
總　編　輯／蕭麗媛

發 行 人／何飛鵬
出　　　版／易博士文化
　　　　　　城邦文化事業股份有限公司
　　　　　　台北市南港區昆陽街 16 號 4 樓
　　　　　　電話：(02)2500-7008　傳真：(02)2502-7676　E-mail：ct_easybooks@hmg.com.tw
發　　　行／英屬蓋曼群島商家庭傳媒股份有限公司城邦分公司
　　　　　　台北市南港區昆陽街 16 號 5 樓
　　　　　　書虫客服服務專線：(02)2500-7718、2500-7719
　　　　　　服務時間：週一至週五上午 09:00:00-12:00；下午 13:30-17:00
　　　　　　24 小時傳真服務：(02)2500-1990、2500-1991
　　　　　　讀者服務信箱：service@readingclub.com.tw
　　　　　　劃撥帳號：19863813
　　　　　　戶名：書虫股份有限公司
香港發行所／城邦（香港）出版集團有限公司
　　　　　　香港九龍土瓜灣土瓜灣道 86 號順聯工業大廈 6 樓 A 室
　　　　　　電話：(852)2508-6231 傳真：(852)2578-9337 E-mail：hkcite@biznetvigator.com
馬新發行所／城邦（馬新）出版集團 Cite(M)Sdn.Bhd.
　　　　　　41, Jalan Radin Anum, Bandar Baru Sri Petaling, 57000 Kuala Lumpur, Malaysia.
　　　　　　電話：(603)9056-3833 傳真：(603)9057-6622 Email:services@cite.my

視 覺 總 監／陳栩椿
美 術 編 輯／簡至成
封 面 構 成／簡至成
製 版 印 刷／卡樂彩色製版印刷有限公司

YOKUWAKARU SEIKAGAKU
© SATOSHI IKUTA 2008
Originally published in Japan in 2008 by Nippon Jitsugyo Publishing Co., Ltd.
Traditional Chinese translation rights arranged with Nippon Jitsugyo Publishing Co., Ltd. Through
AMANN CO., LTD.

2011 年 12 月 06 日 初版
2018 年 09 月 27 日 修訂一版
2024 年 07 月 02 日 修訂二版
ISBN 978-986-480-379-8

Printed in Taiwan
版權所有‧翻印必究
缺頁或破損請寄回更換

定價 400 元　　HK$133

城邦讀書花園
www.cite.com.tw